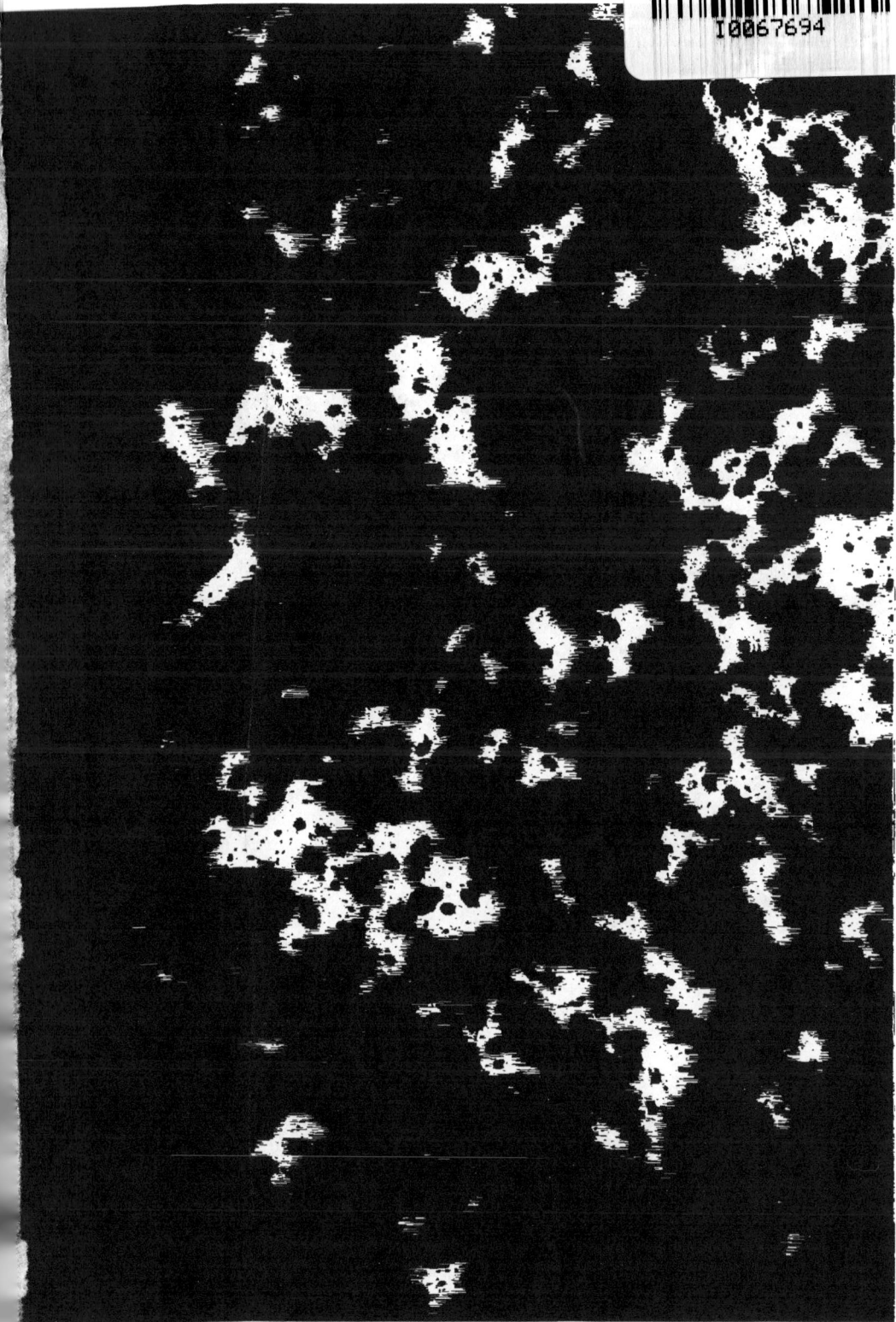

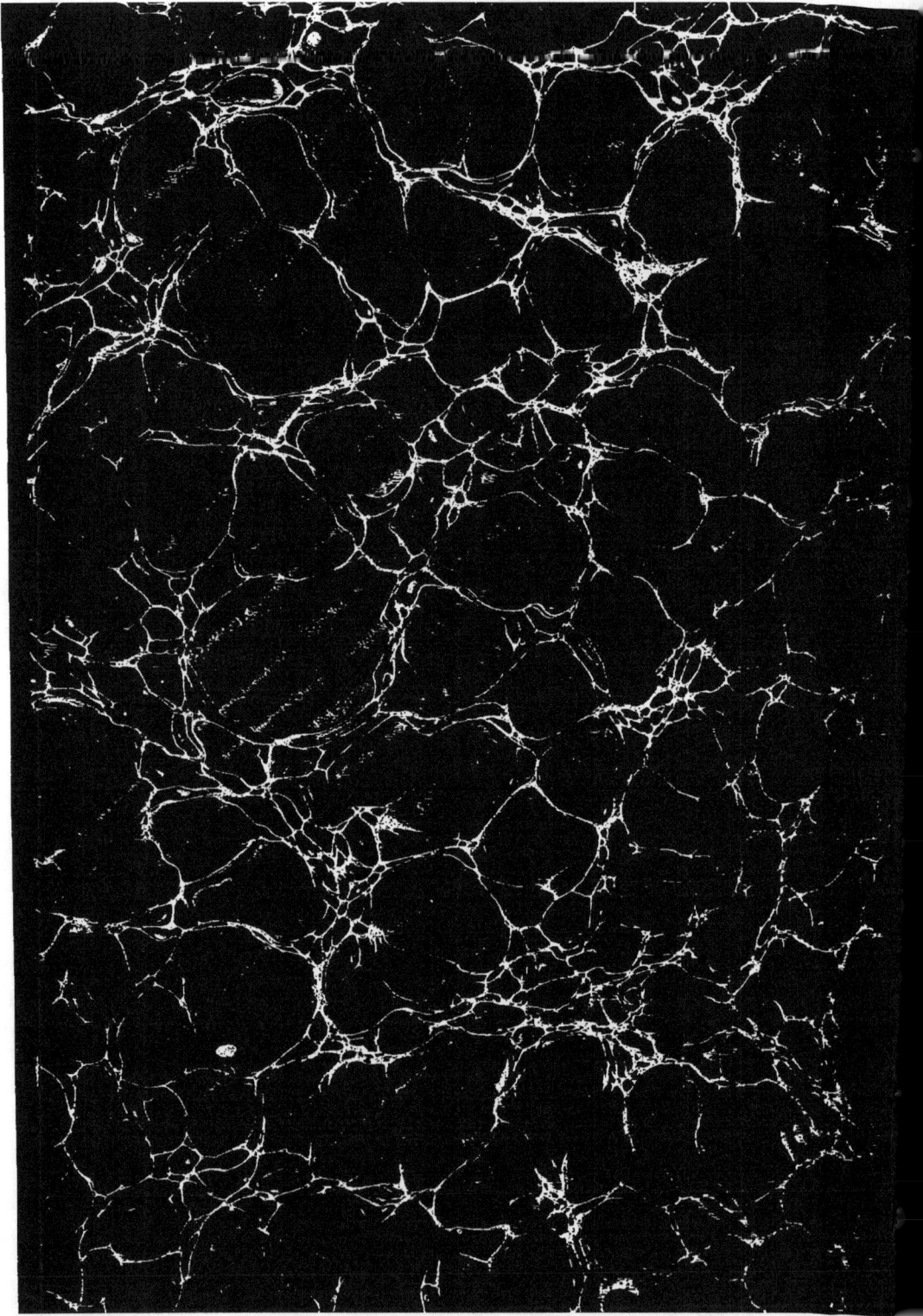

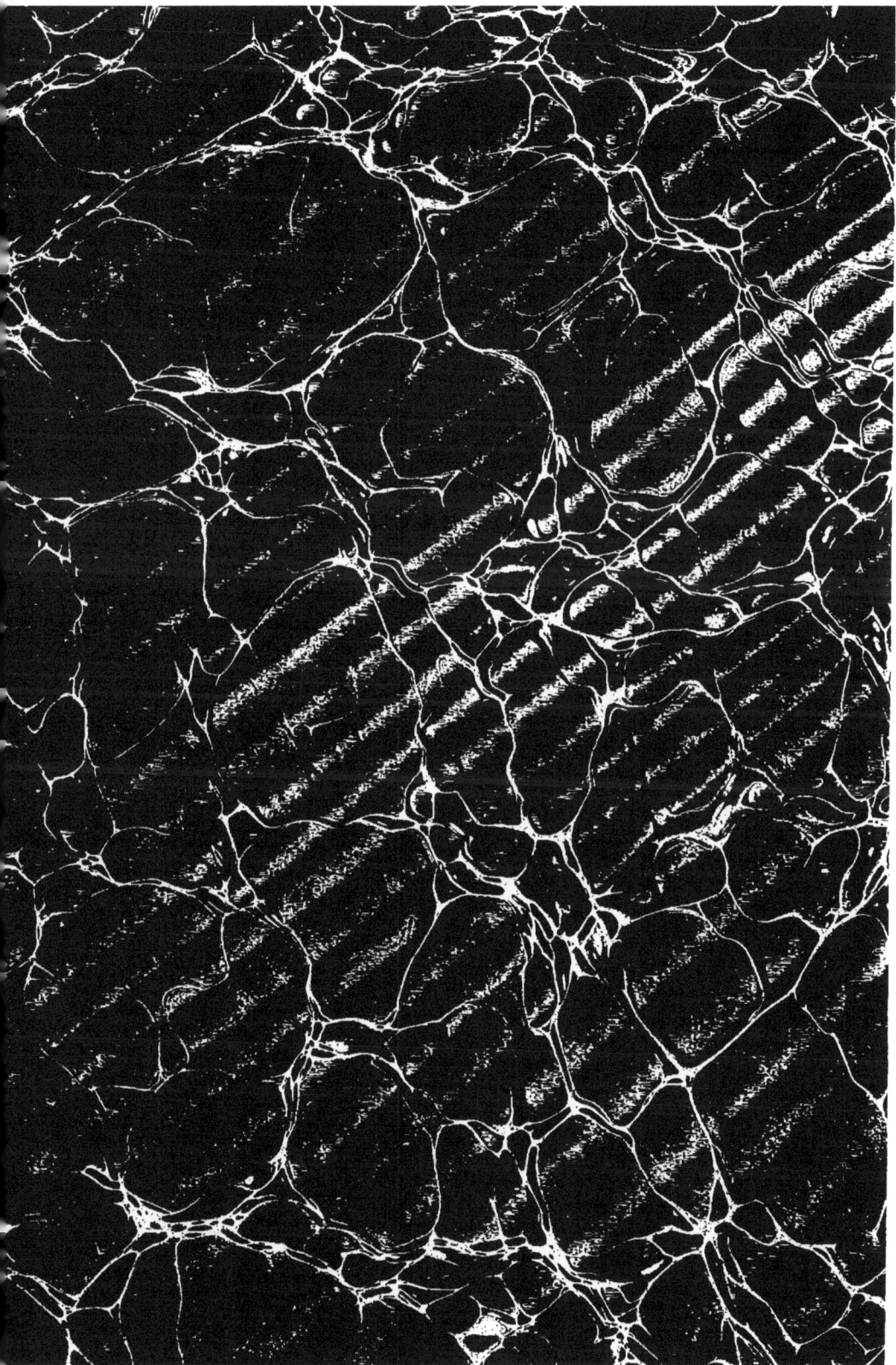

RAPPORT DE LA COMMISSION

INSTITUÉE POUR RÉSUMER

L'ENQUÊTE ADMINISTRATIVE,

OUVERTE SUR L'AVANT-PROJET DE LA DÉRIVATION DES SOURCES

DE

ROYE, RONZIER, FONTAINE ET NEUVILLE.

Lyon. — Imp. de Dumoulin, Ronet et Sibuet, quai St-Antoine, 55.

RAPPORT

SUR LE

PROJET DE DÉRIVATION

ET DE

DISTRIBUTION D'EAUX DE SOURCE

A LYON,

Par la Commission d'Enquête,

INSTITUÉE PAR ARRÊTÉ DE M. LE PRÉFET DU RHÔNE,
EN EXÉCUTION DE LA LOI DU 3 MAI 1841,

Pour donner un avis motivé, tant sur l'utilité de l'entreprise
que sur les questions posées par l'administration ,

et composée de

MM. PERMESEL Président , JAQUEMET-CAZOT , Secrétaire ,
CORCELETTE , JANSON, ACHARD-JAMES, A. BOTTEN ,
TROCHU, V. FRÈREJEAN, F. DURIEU, E. MARTIN,
L. BONNARDET , Rapporteur.

LYON.

IMPRIMERIE DE DUMOULIN, RONET ET SIBUET,
Quai Saint-Antoine , 33.

1843.

RAPPORT

A MONSIEUR LE PRÉFET DU RHONE.

Monsieur le Préfet,

Une Compagnie, qui a fait connaître son intention
de se constituer sous forme de *Société anonyme*,
demande l'autorisation d'amener à Lyon les sources
de Roye, Ronzier, Fontaine et Neuville, au moyen
d'un canal souterrain ou tunnel qui traverserait le
sous-sol, presque en droite ligne, à quarante ou cinquante mètres de profondeur, et viendrait aboutir à
un réservoir de distribution qui serait placé au-dessous de la nouvelle place du Perron, située entre la
rue du Commerce et la rue des Tables-Claudiennes.

Cette Compagnie demande en outre l'autorisation
de distribuer cette eau, pour les services particuliers, suivant des prix dont le maximum ne dépas-
serait pas un tarif précédemment adopté par le
conseil municipal, sauf à traiter ultérieurement
avec l'administration, si elle le désirait, pour les services publics de la ville de Lyon et des villes subur-

1

baines formant ce qu'on est convenu d'appeler *l'agrégation lyonnaise.*

La Compagnie a expliqué, à ce sujet, qu'elle ne demandait ni monopole plus ou moins long, pour les fournitures qu'elle serait dans le cas de faire, ni privilége exclusif, ni aucune faveur particulière quelconque, mais simplement la faculté de vendre à qui voudrait l'acquérir, villes et individus, l'eau qu'elle est en mesure d'amener à Lyon, et qui, suivant elle, réunit toutes les conditions désirables.

Avant de déposer sa demande en autorisation, cette Compagnie avait invité M. votre prédécesseur à faire constater officiellement, d'une part, le niveau de ces sources à leur point d'émergence, et la quantité d'eau qu'elles peuvent fournir ; et d'autre part, la nature et la qualité de ces mêmes eaux.

Déférant à cette demande, M. votre prédécesseur a, par deux arrêtés du 22 août 1838, chargé M. l'Ingénieur en chef du département (c'était alors M. Mondot de Lagorce), de la première de ces opérations ; et de la seconde, une Commission de sept membres, dont nous aurons bientôt l'occasion de rappeler les noms.

Cette double mission a été remplie, ainsi que cela résulte des rapports adressés à M. votre prédécesseur par M. Mondot de Lagorce, le 24 octobre 1838, et par la Commission, le 5 septembre 1839.

Ces opérations terminées, et leur résultat ayant fait penser à la Compagnie que son projet était de nature à être accueilli favorablement, elle vous a adressé, par sa lettre du 4 septembre 1841, un avant-

projet contenant les indications prescrites par la loi
du 3 mai précédent, et par l'ordonnance du 18 février 1834, avec prière de soumettre cet avant-projet
à l'enquête voulue par lesdites loi et ordonnance.

En conséquence, vous avez, par arrêté du 28 décembre 1841, ouvert cette enquête, puis, par un
second arrêté du 24 février 1842, vous avez nommé
la Commission qui, aux termes de la loi, doit en
apprécier et vous en faire connaître les résultats,
et qui vient aujourd'hui vous rendre compte de la
mission que vous lui avez confiée.

Vous n'avez pas traité, Monsieur le Préfet, cette
affaire comme une affaire ordinaire; vous avez considérablement élargi le cercle que les Commissions
d'enquête sont généralement appelées à parcourir.
Vous avez fixé notre attention sur tous les points de
cette grande question; vous nous avez invités à l'envisager sous toutes ses faces. Usant de la faculté que
vous donnait, à cet effet, l'article 6 de l'ordonnance
royale du 18 février 1834, vous avez soumis à la
Commission nommée par vous, une série de questions
de la plus haute importance, et dont il nous paraît
convenable de reproduire ici le texte, comme point
de départ de la discussion.

Ces explications étaient nécessaires pour justifier
l'étendue peu ordinaire du Rapport de la Commission; ce n'est pas une enquête seulement qu'elle a
eu à résumer, c'est un grand et difficile travail
qu'elle a dû accomplir; elle espère que ses efforts
ne resteront pas sans résultat.

Voici ces questions telles que vous les avez fait distribuer à la Commission (1), dans sa première séance du 10 mars 1842 :

(1) Cette Commission a été composée

De trois membres du Conseil-général du département du Rhône :

MM. PERMESEL, à qui la présidence de la Commission a été déférée;
ORSEL aîné;
CORCELETTE;

De deux membres du Conseil d'arrondissement de Lyon :

MM. JANSON, *ex-chirurgien-major de l'hospice de l'Hôtel-Dieu, président des bureaux de bienfaisance de Lyon*;
JAQUEMET-CAZOT, *juge au tribunal civil*;

De deux membres de l'Académie royale des sciences, belles-lettres et arts de Lyon :

MM. ACHARD-JAMES, *président à la Cour royale de Lyon*;
L. BONNARDET, *membre de la Commission des prisons*;

De deux membres de la Société royale d'agriculture, histoire naturelle et arts utiles de Lyon :

MM. PUVIS, *ingénieur en chef des mines*;
BOTTEX, *médecin en chef à l'hospice de l'Antiquaille*;

Et, en outre, de

MM. DELPHIN, *ancien député du Rhône, ancien magistrat municipal*;
TROCHU, *membre du Conseil-général d'agriculture du royaume*;
FRÈREJEAN, *manufacturier, membre du Conseil d'administration de l'école la Martinière*;
DURIEU, *conseiller à la cour royale, membre du Conseil d'administration de l'hospice de l'Antiquaille*;
MARTIN, *président du Conseil de salubrité du département, ex-chirurgien-major de l'hospice de la Charité*.

Nota. — MM. Orsel et Delphin n'ont pu accepter leur nomination pour cause de maladie.

« 1° La loi du 3 mai 1841, sur l'expropriation pour
« cause d'utilité publique , est-elle applicable à la
« fourniture des eaux à une ville?

« 2° Peut-on, en vertu de cette loi, acquérir, par les
« voies judiciaires, le droit de traverser souterraine-
« ment un grand nombre de propriétés, d'y creuser
« des puits de recherche ou regards permanents, et
« d'y fouiller ces propriétés, toutes les fois que des ré-
« parations à faire au tunnel, le rendront nécessaire ?

« 3° La faculté d'expropriation consacrée par la loi
« précitée, s'étend-elle jusqu'aux choses qui sont dans
« le domaine commun, et plus spécialement, peut-on
« l'appliquer à des sources ou cours d'eau coulant
« à ciel ouvert, ou desservant, pour leurs besoins
« généraux , une partie notable du territoire de
« plusieurs communes?

« 4° Dans le cas de l'affirmative, contre qui l'ex-
« propriation sera-t-elle dirigée? Contre les proprié-
« taires riverains ayant l'usage direct des eaux, ou
« contre les communes dont l'ensemble des habi-
« tants en profite indirectement?

« 5° La fourniture d'une quantité d'eau considérable
« à la ville de Lyon est-elle d'utilité publique?

« 6° Cette utilité publique existe-t-elle actuelle-
« ment? — En d'autres termes, si les besoins de la
« population lyonnaise exigent que, dans un temps
« rapproché, on fournisse aux habitants, d'une ma-

« nière plus générale qu'aujourd'hui , une masse
« quelconque d'eau fluente, les choses sont-elles dis-
« posées de telle manière, qu'il ne puisse résulter de
« cette mesure aucun inconvénient majeur?

« 7° Les canaux actuellement existants suffiraient-
« ils pour évacuer le volume d'eau que jetterait sur
« la voie publique la fourniture projetée?

« 8° La fourniture des eaux de source serait-elle
« d'une utilité supérieure à celle de l'eau des rivières
« qui traversent la ville?

« Cette dernière question est complexe. Elle com-
« prend tout à la fois ce qui se rapporte : 1° à la
« limpidité; 2° à la température; 3° à la salubrité
« relative des eaux ; 4° au point de savoir si les eaux
« de source pourraient être conduites à toutes les
« hauteurs sur le territoire de Lyon et sur celui des
« communes suburbaines ; 5° aux prix comparés de
« la fourniture des eaux de source et de celle des
« eaux de rivière ; 6° aux considérations de solidité,
« de perpétuité, d'absence de chômage, qui se ratta-
« chent à l'un ou à l'autre système.

« 9° La Commission est priée d'examiner, en outre,
« s'il est indifférent aux intérêts publics que la four-
« niture des eaux de source ou de rivière soit faite
« par une Compagnie, moyennant un tarif convenu,
« ou que cette fourniture reste dans le domaine de
« l'administration, et soit prise à la charge des de-
« niers communaux? »

Désirant accomplir, aussi bien que possible, l'importante mission qui lui était confiée, la Commission d'enquête s'est partagée en diverses sous-commissions entre lesquelles ont été divisées les questions qui précèdent, et a ensuite soumis chacune de ces questions à une discussion approfondie, sur le rapport de ses sous-commissions.

La première a été chargée de la question de légalité.

La seconde a traité la question d'hygiène et de salubrité.

La troisième s'est chargée de la question géologique et de travaux d'art.

La quatrième a dû traiter la question financière et d'économie politique.

La cinquième et dernière a été chargée de résumer et d'apprécier les dires et oppositions consignés au registre d'enquête (1).

(1) Ces sous-commissions se composaient :
La 1re, de MM. *Permesel, Achard-James, Jaquemet* et *Durieu*, rapport.
La 2e, de MM. les docteurs *Janson, Bottex* et *Martin*, rapporteur.
La 3e, de MM. *Frèrejean, Bonnardet* et *Puvis*, rapporteur.
La 4e, de MM. *Trochu, Frèrejean* et *Bonnardet*, rapporteur.
La 5e, de MM. *Durieu, Jaquemet* et *Permesel*, rapporteur.

M. Puvis, de si douloureuse et si regrettable mémoire, avait été chargé du rapport de la troisième sous-commission; il s'est livré avec le plus grand zèle à l'examen des localités et à l'étude de la question sous le rapport de l'art et sous le rapport géologique. Il a, de plus, reconnu et jaugé les sources et cours d'eau ; mais le cruel événement qui l'a enlevé à sa famille et à ses nombreux amis, ne lui a malheureusement pas permis de faire le rapport dont il avait préparé les éléments. Lorsque, plus tard, nous aurons à rendre compte de ses travaux, nous retrouverons la précieuse occasion de rendre la justice qui est due à notre trop regrettable collègue.

C'est vous dire, Monsieur le Préfet, que le rapport
général n'est pas l'œuvre d'un homme, mais celle de
la commission tout entière. La moisson était faite,
le rapporteur n'a eu qu'à lier les gerbes.

Le Rapporteur-général a donc été grandement
aidé par les travaux préparatoires des rapporteurs
spéciaux, aux lumières et aux travaux desquels il est
juste de faire remonter ce que ce résumé peut avoir
d'utile.

Quelque vaste que soit le champ que vous avez
ouvert aux investigations de la Commission, elle n'a
pas cru devoir reculer devant l'étendue de la mission
que vous lui avez confiée ; elle n'a rien voulu laisser
dans le doute de ce qui pouvait être éclairci, et elle
s'est attachée à éclairer, autant que cela a pu dé-
pendre d'elle, toutes les faces de cette importante
question.

Désireux d'introduire dans la discussion la plus
grande clarté possible, nous l'avons divisée en cinq
chapitres distincts, dans lesquels viendront s'encadrer
les questions spéciales contenues dans votre programme.

La première question, celle qui domine toutes les
autres, est, à coup sûr, celle de savoir si la ville de
Lyon a besoin d'une augmentation dans le service
public et particulier de ses eaux ; et par suite, si
cette nécessité est d'utilité publique dans le sens
donné à ce mot par la loi ; c'est donc par là que
nous devrons commencer.

Puis, en supposant la nécessité et l'utilité publiques constatées, il y aura lieu à fixer, d'une manière

précise, la quantité des eaux dont le besoin aurait été reconnu, ainsi que leurs qualités, ou, si l'on veut, les conditions auxquelles elles pourront être admises.

Il faudra ensuite examiner quelles sont, entre les eaux proposées, celles qui renferment à un degré supérieur les conditions qui auront été reconnues indispensables pour leur admission.

Après quoi, et si l'examen comparatif qui aura été fait est de nature à faire accorder la préférence aux eaux de source, il conviendra de voir si la loi permet la dérivation demandée, et si les oppositions faites à cette dérivation sont ou ne sont pas fondées.

Enfin, il y aura à examiner si ce service doit être confié à une Compagnie, ou s'il doit rester dans le domaine de l'administration.

Ainsi, cinq questions principales :

1° Nécessité, utilité publique ;

2° Quantité et qualités ;

3° Examen comparatif des eaux entre lesquelles l'administration peut choisir ;

4° Expropriation, oppositions ;

5° Concession à des particuliers, ou établissement du service sur les deniers communaux.

Ce cercle a paru à votre Commission offrir l'avantage de présenter les questions soumises à son examen, dans l'ordre le plus logique, ce qui aidera à en saisir l'enchaînement régulier et synthétique.

Nous devons ajouter, M. le Préfet, que, pour se conformer aux prescriptions de l'ordonnance royale du 18 fevrier 1834, la Commission a entendu M. l'Ingénieur en chef des ponts et chaussées du département, et M. l'Ingénieur des mines, et s'est éclairée de leurs lumières et de leur expérience sur les points de leur compétence spéciale.

Première Question.

UNE AUGMENTATION DANS LE SERVICE DES EAUX DE LA VILLE DE LYON EST-ELLE NÉCESSAIRE ? CETTE NÉCESSITÉ EST-ELLE D'UTILITÉ PUBLIQUE ; EST-ELLE IMMÉDIATE ; ET L'INSUFFISANCE DES CANAUX SOUTERRAINS OU ÉGOUTS EST-ELLE UN OBSTACLE A CE QU'IL Y SOIT POURVU IMMÉDIATEMENT ?

§ 1.

De la Nécessité.

Poser la question de la nécessité, en vérité c'est la résoudre ; il n'y a, à ce sujet, qu'un cri, qu'une opinion. L'Académie des sciences, belles-lettres et arts de Lyon, ainsi qu'on l'a dit et imprimé dans tous les mémoires et écrits publiés depuis quelque temps, sur cette matière, provoque cette amélioration depuis près d'un siècle, prouvant ainsi, à son grand honneur, que la science est encore, à tout prendre, l'amie la plus constante de l'humanité, et l'organe le plus zélé de ses besoins.

Après elle, et à son exemple, toutes les administrations municipales qui se sont succédé à Lyon depuis vingt ans, ont reconnu et proclamé la nécessité de doter notre ville d'un service d'eaux plus en rapport avec ses besoins.

En 1824, M. le baron Rambaud, alors maire de Lyon, publia un *Prospectus* tendant à provoquer la formation de Compagnies qui voulussent se charger de cette fourniture, fixée alors à 3,000 mètres cubes par vingt-quatre heures. Ce digne magistrat, ainsi que le fait remarquer le rapport fait au Conseil municipal, sur cette question, les 10 décembre 1835 et 21 avril 1836 (1), considérait l'obligation imposée, à ce sujet, à l'administration, comme le plus important, le plus sacré de ses devoirs.

Plus tard, ce projet fut repris, et un emprunt spécial fut contracté pour l'établissement de ce service; mais cet emprunt, hélas! fut bientôt détourné de sa destination au profit du Grand-Théâtre, jugé, à ce qu'il paraît, plus urgent et plus utile. Triste et déplorable erreur qui a dû laisser d'amers regrets, nous le supposons, dans l'ame des administrateurs de cette époque.

Depuis, le Conseil municipal a de nouveau et très-formellement arrêté en principe l'établissement immédiat de ce service; et, en attendant, l'administration municipale, afin de faire provisoirement face aux besoins les plus urgents, a traité, en 1832, avec les sieurs Gardon et Dubois, pour la fourniture de 25 pouces fontainiers d'eau du Rhône, à élever au réservoir des Collinettes. Vous savez, Monsieur le Préfet, que 25 pouces fontainiers (ancienne mesure)

---

(1) Rapport présenté au Conseil municipal par M. Chinard, alors premier adjoint, dans les séances des 10 décembre 1835 et 21 avril 1836, et approuvé par le Conseil. Nous aurons plusieurs fois l'occasion, dans la suite de ce travail, de citer cet important document.

représentent un peu moins de 500 mètres cubes par 24 heures.

Plus tard, et le 19 mai 1836, le Conseil municipal a arrêté et publié un cahier des charges pour cette fourniture, qu'il a également fixée à 3,000 mètres cubes par 24 heures, avec obligation d'en fournir aux particuliers disposés à l'acquérir, aussi jusqu'à la concurrence de 3,000 mètres cubes.

Enfin, l'honorable chef de l'administration municipale actuelle a solennellement pris l'engagement, dans un discours public, de faire tous ses efforts pour réaliser cette promesse toujours faite, jamais tenue.

Comment concilier, Monsieur le Préfet, cette unanimité de volonté, avec cette complète absence d'action? Chacun proclame le besoin, et personne ne le satisfait; aux yeux de tous, c'est le premier devoir à remplir, et c'est le dernier dont on s'occupe. C'est ainsi que, presque toujours, les maximes les moins contestées de la philosophie et de la raison nous trouvent disposés à les proclamer, rarement à les suivre..... Espérons qu'à l'avenir il n'en sera plus de même, de la question qui nous occupe!

Et comment ne pas l'espérer en présence de l'ignominieuse pénurie dans laquelle la seconde ville du royaume est déplorablement tenue depuis si longtemps? en présence d'un état de choses qui a fait dire, dans le Rapport au Conseil municipal, déjà cité, que la nature malsaine de nos eaux compromet la santé publique, et que leur rareté est la cause de la malpropreté proverbiale de notre ville et de ses

habitants ; toutes causes d'insalubrité qui, continues
dans leur action, parviennent insensiblement à produire, dans l'organisation humaine, des altérations
profondes dont le vulgaire ignore la cause. « Ainsi,
« ajoute l'honorable rapporteur, ainsi s'affaiblit la
« santé du peuple ; ainsi s'abrégent ses jours ; et,
« tranquille au milieu de ces causes permanentes de
« maladie et de destruction, il vit sans se douter de
« leur funeste influence. »

Quelques mots sur les eaux qui servent aujour-
d'hui à l'alimentation de notre laborieuse cité suffi-
ront pour prouver toute la justesse de ces chaleu-
reuses doléances.

Ces eaux sont fournies :

Partie par les sources peu abondantes fluant
des coteaux qui dominent la ville ; partie par la
machine hydraulique qui verse 25 pouces d'eau
du Rhône dans le réservoir des Collinettes et dans
celui du Jardin-des-Plantes, et partie par les puits
dont le sol de la ville est percé.

Les eaux du coteau qui domine la rive droite de
la Saône sont bonnes, à quelques exceptions près.

Celles qui s'échappent des flancs du coteau opposé
sont toutes plus ou moins séléniteuses, c'est-à-dire,
crues, indigestes et peu propres aux usages domestiques.

Les eaux fournies par la machine hydraulique du
quai Saint-Clair suivent toutes les variations des eaux
du Rhône, c'est-à-dire qu'elles sont troubles quand
il est trouble, chaudes quand il est chaud, glaciales
quand il est glacé.

Les eaux des puits sont ce que les font les terrains au travers desquels elles filtrent, et les matières organiques qui y pénètrent, soit des fosses d'aisance, soit des égoûts, soit de la voie publique.

Les eaux des sources réunies à celles fournies par la machine hydraulique alimentent un certain nombre de fontaines fluentes placées, en général, dans les quartiers élevés de la ville. La quantité d'eau qui en provient, répartie entre la population lyonnaise, ne représente pas, au dire de M. Thiaffait (1), plus de trois litres par individu. Le surplus provient des puits que chaque citoyen fait creuser, à son gré, dans sa propriété, et d'où l'eau est tirée à force de bras, avec ou sans le secours des pompes.

On a honte d'avouer un pareil état de choses à notre époque de prétendue civilisation ! Cela ne paraît pas croyable, et cependant cela est...

Chacun sait que tous ces puits rapprochés de nos fosses d'aisances, ne peuvent échapper aux infiltrations qui vont en corrompre l'eau, dans les grandes crues, alors surtout que, suivant l'énergique expression empruntée au Rapport fait au Conseil municipal : « Puits, caves, fosses d'aisance, égoûts, ne

---

(1) M. Thiaffait, l'un de nos concitoyens les plus honorables, est l'auteur d'un Mémoire qui a été couronné, à juste titre, en 1833, par l'Académie des sciences, belles-lettres et arts de Lyon.

Si notre ville est dotée d'un bon service d'eaux, on peut dire, avec justice, que l'honneur en reviendra, en grande partie, à M. Thiaffait qui, le premier, a signalé à l'attention de l'administration et de ses concitoyens, la possibilité de donner une heureuse solution à la question proposée avec une si admirable persévérance, par le premier corps savant de Lyon.

« font plus qu'un seul et même réservoir où le
« peuple va puiser, avec sa boisson, les germes des
« plus funestes maladies. »

Tous les médecins s'épuisent à signaler ce danger
dont les effets se sont fait récemment sentir encore
d'une manière fatale à l'époque de l'inondation de
novembre 1840. C'est ce qui détermina alors le
Conseil de salubrité de la ville, à faire une démarche
auprès de M. le Maire de Lyon pour lui exposer :
« que, pénétré des dangers auxquels la population
« était exposée, en buvant des eaux viciées pour
« longtemps par les précédentes inondations , le
« Conseil de salubrité venait demander avec ins-
« tance, à l'autorité municipale, de s'occuper sans
« retard des moyens de procurer à la ville une eau
« qui ne fût pas exposée à subir, en pareil cas, de
« semblables altérations. »

A la même époque, une députation des teinturiers
en soie de Lyon, fit une démarche pareille près du
même magistrat, en lui annonçant que, pendant plus
d'un mois, ceux d'entre eux qui employaient des
eaux de rivière avaient été hors d'état de teindre en
certaines couleurs, et dans l'impossibilité d'obtenir
les autres avec la pureté de nuances et l'éclat désirables ; inconvénient qui se renouvelait à chaque crue
un peu forte, à chaque inondation ; ajoutant que
tant qu'ils n'auraient pas une eau invariable dans sa
composition comme dans sa limpidité, la fabrique
de Lyon ne posséderait pas tous les éléments de
succès qu'elle peut réunir.

En présence de besoins si pressants, de réclama-

tions si unanimes, de prom esses si formelles, de
devoirs si précis, toute hésitation, tout retard
deviennent vraiment impossibles. Il nous faut de l'eau
pour nos usages hygiéniques, il nous en faut pour
notre industrie, il nous en faut pour la sûreté publique, et afin d'épargner à notre ville, en cas d'in-
cendie, sur les hauteurs surtout, le malheur affreux
qui a récemment frappé plusieurs grandes villes de
l'Europe.

La question de nécessité, on peut le dire, a été
tranchée par l'autorité la plus véritablement compétente, par les représentants directs, par les manda-
taires spéciaux de la population, par ceux qui sont
chargés de faire entendre cette voix suprême qui a
été assimilée à la voix de Dieu. Il serait donc vraiment
superflu, Monsieur le Préfet, pour stimuler un zèle
dont il n'est plus permis de douter, de rappeler ici,
ainsi que l'ont fait, sans exception, tous les écrivains
qui ont traité cette question, les exemples que nous
ont fournis nos ancêtres dont le luxe, sous ce rapport, semble contraster si étrangement avec notre
indigence. Cependant nous n'avons pu résister au
désir de mettre, sous vos yeux, un document peu
connu et qui montrera à nos concitoyens, aussi
bien qu'à l'administration, l'incroyable importance
que les Romains, alors maîtres du monde, atta-
chaient au service si dédaigné parmi nous. Nous
voulons parler de la lettre de nomination ou brevet
adressé par *Magnus Aurelius Cassiodorus*, gouverneur de Rome, au surintendant ou directeur des
aqueducs et eaux publiques de cette ville ; charge

qui était ordinairement conférée aux principaux
personnages de l'Etat. Cette citation nous a paru
d'autant plus convenable, que la plupart des motifs
allégués pour établir l'importance comparative des
aqueducs, peuvent être parfaitement invoqués dans
la question même dont vous avez saisi la Commission, et qu'il serait difficile de dire aujourd'hui,
rien de plus juste, ni de plus fort, sur cet important
sujet. Il est même à remarquer que ce document,
qui semble avoir été fait tout exprès pour le cas
qui nous occupe, apprécie comparativement les
eaux de source et celles de rivière, et fait sentir
l'importance qu'il convient d'attacher, pour le service d'une ville, à se procurer des eaux limpides et
pures.

Voici ce document qui nous a été conservé par
Sextus Julius Frontin, surintendant lui-même des
eaux et des aqueducs de Rome, sous les empereurs
Nerva et Trajan (1) :

« A comparer entre eux les édifices de Rome, à
« peine, il est vrai, trouverait-on matière à préfé-
« rence, tant sont reconnus dignes d'admiration
« tous les ouvrages qui s'y offrent aux regards ! Nous

(1) *Traduction de Rondelet.* — Frontin était contemporain de
Tacite, de Pline, et de Martial, qui en ont parlé dans leurs écrits. Il a
été successivement préteur et trois fois consul à Rome ; il a commandé
l'armée romaine dans la Grande-Bretagne, et dompté les Silures,
peuple puissant et aguerri. C'est après avoir rempli ces diverses fonctions qu'il fut nommé directeur ou surintendant des aqueducs et des
eaux de Rome, l'an 849 de l'ère romaine. Tacite, qui louait si peu, a
fait de Frontin, le plus grand éloge.

« croyons cependant devoir mettre une différence
« entre ceux dont l'utilité fait le prix, et ceux qui se
« recommandent seulement par leur beauté. Le
« Forum de Trajan est un prodige pour ceux mêmes
« qui le voient tous les jours. Le Capitole offre aux
« yeux de ceux qui en franchissent le sommet, le
« chef-d'œuvre du génie humain. Mais est-ce là ce
« qui fait exister? est-ce là ce qui contribue en
« rien au bien-être, à la santé du corps? Les aque-
« ducs de Rome, au contraire, se font également
« remarquer par leur structure admirable et par la
« salubrité particulière de leurs eaux.

« On voit courir avec une délicieuse pureté l'eau
« *Vierge*, ainsi appelée sans doute, parce qu'elle est
« à l'abri de toute souillure : car, tandis que les
« autres, par l'excès des pluies, reçoivent, dans leur
« sein, un limon impur, celle-ci, dans son cours
« limpide, semble nous annoncer, en tout temps, un
« ciel serein. Avec quelles expressions peut-on dé-
« crire de semblables merveilles? Ces immenses
« travaux conduisant l'eau *Claudia* au sommet du
« mont Aventin, l'y font retomber en cascade, pour
« arroser cette cime élevée, comme une profonde
« vallée.

« Le Nil, dans ses crues périodiques, inondant
« les plaines inférieures, roule sous un ciel serein,
« l'agitation de ses flots troublés. Combien il est
« plus beau de voir l'eau Claudia à Rome, à tra-
« vers les arides sommets des montagnes, apporter
« aux bains et aux habitations l'onde limpide qui
« s'échappe de ses canaux féconds, et couler si éga-

« lement, qu'elle ne trompe jamais l'espoir de ceux
« qui l'attendent! Le Nil, au contraire, se retire-t-il,
« c'est du limon ; survient-il inopinément, c'est un
« deluge. Qui donc pourrait douter que les eaux de
« notre ville ne l'emportent sur ce fleuve fameux,
« dont la crue subite inspire l'effroi et dont la retraite
« produit le dénuement?

« Ce ne sont pas là de vains discours; notre but est
« de vous faire sentir quelle sollicitude on a le droit
« d'exiger de vous, en vous confiant de tels chefs-
« d'œuvre.

« En conséquence, après une mûre délibéra-
« tion, nous vous conférons, par la présente, la
« charge de surveillant des aqueducs, pour que vous
« employiez tous les efforts de votre zèle à maintenir,
« en bon état, ces monuments si grands et si beaux.
« Surtout, nous vous le recommandons, que ces
« arbres nuisibles qui dégradent les constructions,
« espèce de béliers lancés contre les murailles pour
« les détruire, soient coupés jusqu'à la racine : le
« mal n'est détruit si la cause n'en est extirpée. A
« l'égard de ce qui tomberait de vétusté, faites le
« réparer promptement, de peur que la dégradation,
« en s'étendant, ne nous occasionne une augmentation
« de dépense. Votre charge fait votre fortune pour
« votre vie, pourvu que vous assuriez la conserva-
« tion des aqueducs. Nous regarderons comme nous
« étant personnels, tous les soins que vous y donne-
« rez. Nous comptons donc sur votre habileté et
« votre zèle, pour que les constructions ne reçoi-
« vent aucune atteinte, et que la distribution des

« eaux n'éprouve, par la vénalité des gardiens, au-
« cune interruption (1). »

Qu'on substitue le nom du Rhône à celui du Nil;
qu'on lise : sources de Roye et de Neuville, au lieu
d'eau Vierge et d'eau Claudia, et l'on pourra croire,
nous le répétons, que cette pièce a été faite pour la
circonstance.

Nous avouerons cependant, Monsieur le Préfet,
qu'il nous semble difficile de concilier la fabuleuse profusion d'eau, que de pareils aqueducs
devaient amener à Rome (2), avec la parcimonie qui
semble avoir présidé à sa distribution (3), et qui

---

(1) Quelle différence, qu'il nous soit permis de le faire remarquer,
en passant, entre la pompeuse prolixité de cette lettre de nomination,
et la brève et muette sécheresse de celles qui sont employées, de nos
jours, à conférer les différentes charges et dignités publiques ! N'y
avait-il point quelqu'avantage à relever ainsi, aux yeux des fonction-
naires, les emplois qui leur étaient donnés ?

(2) Les auteurs qui se sont occupés de cette question ne s'accordent
pas sur la quantité d'eau fournie à Rome par ses aqueducs. Les uns
élèvent cette quantité à quatre milliards de litres par jour, ce qui n'est
pas croyable; d'autres la réduisent à 785 millions de litres; enfin
M. Fulchiron, dans son excellent ouvrage sur l'Italie, la porte à un
milliard 300 millions, et nous le croyons dans le vrai. Cette quantité,
suivant la remarque de M. Fulchiron, égale la force d'une rivière de
vingt mètres de largeur sur une profondeur d'un mètre, pouvant, en
conséquence, porter les plus grands bâtiments de la navigation flu-
viale. Cette quantité d'eau est plus forte que celle que la Loire débite,
en été, de Roanne à Digoin.

(3) Une loi romaine faisait défense, à tout particulier, de prendre
de l'eau, autre que celle qui tombait des réservoirs à terre : *Ne quis
privatus aliam ducat quam quæ ex lacu humum accedit; id est quæ
ex lacu abundavit.* Ils appelaient cette eau, eau tombante : *eam nos
aquam caducam vocamus.*

paraît avoir été telle, que les particuliers étaient
réduits à l'eau tombante, et s'exposaient aux peines
les plus sévères pour détourner clandestinement les
eaux qui leur étaient refusées, ainsi que le constatent
irrécusablement les innombrables décrets, lois, sénatus-consultes rendus pour réprimer ces abus qui
paraissent avoir été portés à un point incroyable.

Nous avons trouvé, dit Frontin, des eaux inter-
ceptées pour alimenter des tavernes, des salles de
festins, des lieux de débauche, et pour les usages
les plus dégoûtants (1). Car, quant à celles qui se
distribuent sous de faux titres, ajoute-t-il, ce ne sont
que de légers abus, auprès de ceux dont nous venons
de parler.

On voit par là que les 700 employés ou ouvriers
consacrés spécialement au service des eaux de Rome,
ne suffisaient pas à garantir les aqueducs des enva-
hissements des particuliers qui les perçaient de toutes
parts, ou s'entendaient avec les employés pour en
voler l'eau. A en juger par ce qui se passait à cette
époque, l'administration, chez ces maîtres du monde,
devait être singulièrement imparfaite, corrompue,
impuissante, car un commissaire de police et quelques gardiens suffiraient aujourd'hui, à ce que ne
pouvait faire cette armée d'*aquarii*, quoiqu'on eût
eu la précaution de les marquer à la main, avec
un fer rouge, du nom de César, afin qu'on ne pût
les détourner de leur service, ni les employer à
d'autres soins.

(1) *Et quoque fœdis ministeriis servientem.*

Il y avait donc, sous ce rapport, et tout à la fois, profusion et désordre, luxe et indigence. Il est présumable que ces immenses quantités d'eau étaient, en grande partie, absorbées par les exigences du luxe, par les thermes, les naumachies, les établissements publics, et pour les besoins des princes et grands personnages. Il paraît, d'autre part, que l'entretien des aqueducs était fort négligé, d'où il résultait que le service avait à souffrir de fréquentes interruptions.

Toutes les fois, dit le gouverneur Frontin, qu'il y avait quelques réparations à faire à l'aqueduc des arcs Néroniens, les habitants des monts Cœlius et Aventin manquaient d'eau.

Ces aqueducs, dignes objets de notre admiration, étaient donc, très-probablement, loin de présenter tous les avantages que notre imagination aime à leur supposer ; ce qui nous porte à penser que si nous y regardions de près, nous nous verrions forcés, sur bien des points peut-être, à refouler notre admiration un peu collégiale pour les Grecs et les Romains. Nous engageons les hommes toujours disposés à fronder le présent et à admirer le passé, à parcourir ce qui nous reste des archives de l'administration romaine, et ils verront que leur siècle, qu'ils affectent de dédaigner, est loin d'avoir autant à envier, qu'on le croit, à ceux qui l'ont précédé. L'humanité marche, et si nous ne savons pas apprécier ses progrès, c'est que notre vue est trop faible pour en suivre, d'aussi loin, l'incessant enchaînement.

Il nous a semblé convenable, Monsieur le Préfet, puisque nous avions été, nous aussi, amenés à vous parler des eaux romaines, de réduire à leur valeur, encore très-importante sans doute, ces travaux herculéens dont les résultats, quelque grands qu'ils nous apparaissent, n'étaient cependant pas en rapport avec l'immensité des moyens employés pour les obtenir ; et de rappeler que, si le peuple romain voyait passer sur sa tête ces fleuves aériens, il ne lui était pas permis d'y puiser avec autant de profusion qu'on le croit géneralement. En était-il autrement à Lyon ? cela est possible, mais peu probable, car, comme aujourd'hui sans doute, les abus de la capitale devaient se répandre dans les provinces.

Que notre administration veuille nous doter d'un service bien surveillé, d'eau aussi bonne que possible, et en rapport, quant à la quantité, avec les besoins de notre population, et nous n'aurons rien à envier à nos ancêtres, moins favorisés peut-être que nous nous plaisons à le croire,

§ 2.

De l'Utilité publique.

Si la nécessité d'un service d'eaux plus complet est reconnue, cette nécessité est-elle d'utilité publique dans le sens que la loi attache à ce mot ?

Cette question n'est rappelée ici que pour ordre ; car elle trouve sa solution dans tout ce qui précède. Il est bien évident, en effet, que ce qui importe à la consommation, au bien-être, à la santé de la population de la seconde ville du royaume, présente, au

plus haut degré, le caractère de l'utilité publique. Cette utilité est, tous les jours, proclamée pour des besoins moins intéressants, moins généraux, moins pressants. Cette vérité est une de celles qui s'énoncent, mais qui ne se prouvent pas plus qu'elles ne se contestent.

§ 3.

CETTE NÉCESSITÉ EST-ELLE IMMÉDIATE, ET L'INSUFFISANCE ACTUELLE DES ÉGOUTS EST-ELLE UN OBSTACLE A CE QU'IL Y SOIT POURVU SANS DÉLAI?

Quelques personnes avaient pensé qu'un service d'eaux publiques et particulières à Lyon devait être précédé par l'établissement d'égoûts souterrains destinés à l'écoulement des eaux qui, autrement, jetées en abondance sur le pavé de notre ville, viendraient augmenter, pendant les saisons froides et pluvieuses, l'humidité et la boue, et formeraient, pendant les gelées, des masses de glace d'un enlèvement difficile et dispendieux.

La Commission d'enquête a pensé que, quoiqu'il en soit de l'insuffisance des égoûts actuellement existants, l'établissement immédiat d'un service plus complet d'eaux publiques et particulières, loin d'aggraver l'état des choses, sous le rapport de la propreté et de la salubrité, améliorerait au contraire notablement cet état.

En effet, plus les eaux qui circulent dans les rues sont abondantes, moins elles y séjournent. Le moyen de n'avoir pas, jour et nuit, nos ruisseaux pleins d'eaux putrides et stagnantes, c'est évidemment d'é-

tablir, une ou deux fois par jour, d'actifs courants propres à entraîner avec eux ces eaux qui y dorment et croupissent aujourd'hui, à défaut de force suffisante pour se traîner jusqu'aux rivières. D'où il suit que si quelque chose pouvait remplacer des *égoûts* et les rendre moins indispensables, ce serait, à coup sûr, un service d'irrigation aussi complet que possible.

Turin qui a des égoûts, les tient presque toujours fermés, et préfère faire courir ses eaux à la surface, pour entraîner, l'été, les immondices ; l'hiver, les neiges et les glaces ; et on sait que le climat de Turin est, à peu près, semblable au nôtre, et que ses rues sont au moins aussi horizontales que celles de Lyon.

En coulant à ciel ouvert, les eaux, lorsqu'elles sont en quantité suffisante, nettoient tous les points où elles passent, ce qu'elles ne pourraient faire si elles se précipitaient dans des égoûts ; car il est bien évident qu'elles cesseraient alors de fonctionner, et de remplir leur destination de nettoiement et de purification. Tout leur parcours sous le sol serait, en effet, perdu, dans ce cas, pour le lavage de la rue.

En petite quantité, les eaux sont des causes d'infection et de malpropreté, c'est ce qui arrive maintenant à Lyon. En quantité suffisante, au contraire, pour couler en ruisseaux avec une certaine rapidité, les eaux sont une cause de salubrité, et un agent de nettoiement. Loin donc de les chasser dans des égoûts souterrains, n'importerait-il pas de les conserver, autant que possible, à la surface ?

Cette distinction capitale n'a peut-être pas été suf-

fisamment remarquée par les personnes qui se sont
alarmées à la pensée d'embarras qu'elles ont appré-
ciés d'après ce qui existe, sans songer qu'un service
plus complet atténuerait les inconvénients dont on se
plaint avec raison, au lieu de les aggraver. Peut-être
a-t-on pris le remède pour le mal.

Il serait certainement plus fâcheux qu'utile, pour
notre ville, que les avalanches d'eau que nous amènent les pluies d'orage trouvassent à s'engloutir
immédiatement dans des égoûts souterrains, au lieu
de s'étendre en nappes sur nos rues qu'elles lavent
à grande eau, et débarrassent ainsi de toutes leurs
souillures. S'il en résulte, pour de courts instants,
quelques embarras de circulation, les avantages qu'on
y trouve en sont une bien large compensation. Il est
même à remarquer que ces embarras ne seraient
pas complètement évités dans le système contraire;
car, avant de trouver les égoûts disposés pour les
recevoir, ces eaux s'étendraient encore et nécessairement sur beaucoup de points de la voie publique,
ainsi que chacun a pu le voir à Paris, dans de
pareils moments; moments, au surplus, pendant
lesquels la plus grande partie de la population,
chassée par la pluie, reste renfermée.

Quant aux glaces, il sera facile d'éviter, pendant
les fortes gelées, de jeter l'eau sur la voie publique,
en arrêtant le fonctionnement des fontaines et châ-
teaux d'eau. Il est même à remarquer que si l'eau de
source était employée, cet inconvénient disparaîtrait,
sans doute, puisque sa température lui permettrait
probablement d'arriver aux rivières, avant de se geler,

ainsi que nous le démontrerons plus tard. Dans tous les cas, cet inconvénient ne se ferait remarquer que pendant un très-petit nombre de jours, car, d'après les observations météorologiques de M. Clerc, professeur à la faculté des sciences, il n'y a en moyenne, à Lyon, que neuf jours, par année, où le mercure du thermomètre descende à 4 degrés et plus au-dessous de zéro.

Des égoûts qui ne seraient pas munis de puissants moyens de nettoiement ne seraient-ils pas autant de foyers d'infection, et n'offriraient-ils pas autant peut-être d'inconvénients que d'avantages, dans une ville surtout comme la nôtre, où les rues sont si peu élevées au-dessus du niveau de nos rivières, circonstance capitale, et à laquelle on n'a peut-être pas assez réfléchi? Nous n'avons pas, comme à Rome, comme à Turin, des ruisseaux, nous devrions dire des rivières, à y faire passer; car à Rome, au dire de Pline, lorsque les égoûts étaient à sec, les chars de foin pouvaient y circuler, et lorsqu'on lâchait l'eau destinée à les nettoyer, des bateaux y naviguaient (1).

Les comparaisons trompent souvent, parce qu'elles,

_____

(1) Nous soupçonnons bien là quelques-unes des exagérations ordinaires à cet auteur, mais toujours est-il qu'on doit conclure de ce qu'il nous dit, à ce sujet, que ces égoûts étaient d'une élévation et d'une largeur considérables.

Il convient d'ajouter que ces égoûts, même à Rome, ne sont pas sans inconvénients. On lit dans une lettre de cette ville, qui n'a pas plus d'un mois de date : « Un tiers de Rome est inondé; l'eau re-« fluant par les bouches des aqueducs et cloaques, forme çà et là des « lacs de plusieurs pieds de profondeur sur lesquels on a été obligé « de transporter des bacs pour servir à la circulation. Une grande

sont presque toujours faites entre choses mal connues et souvent très-différentes. Avant d'imiter, il
faut savoir si on se trouve dans les conditions de ceux
dont on voudrait suivre l'exemple.

Quoi qu'il en soit, la question peut être réservée,
et il suffit, pour passer outre, d'avoir établi que
l'augmentation du service des eaux, sera sans inconvénient dans l'état actuel des choses.

Rien, en principe, ne serait plus funeste et ne
nuirait davantage aux améliorations désirables que
de vouloir tout faire à la fois. Le bien ne vient que
lentement, et le moyen de tout retarder, c'est souvent
de trop embrasser. Le mieux est l'ennemi du bien ;
cette sentence, fort ancienne déjà, n'a pas cessé d'être
vraie. Le plus urgent, à coup sûr, c'est de se procurer de l'eau... Si, plus tard, nous éprouvons la nécessité d'avoir des égoûts, nous nous en occuperons.
« Si nous subordonnons à l'établissement d'un sys-
« tème complet d'égoûts, la distribution générale des
« eaux, nous nous exposons à renvoyer indéfiniment
« cette salutaire entreprise. » Ces paroles sont de
la Commission municipale déjà plusieurs fois citée
par nous.

Il ne faudrait pas conclure de tout ce qui précède
que la Commission ait entendu trancher la question
des égoûts. Son avis très-formel, au contraire, ainsi

« partie de la ville est sous l'eau ; elle monte sur le maître-autel du
« Panthéon ! »

Que nous arriverait-il en pareil cas, et n'est-il pas évident que de
semblables égoûts faciliteraient singulièrement l'invasion de notre
ville par les eaux ?

qu'elle l'a déjà dit, est que cette question, non encore suffisamment étudiée, doit être réservée. La Commission n'avait pas mission de l'examiner d'une manière absolue, mais simplement dans ses rapports avec l'augmentation du service des eaux; or, il lui a suffi de démontrer que l'augmentation de ce service serait loin d'accroître les inconvénients qui peuvent résulter de l'insuffisance des égoûts actuels.

Si donc la Commission, sans se dissimuler les avantages que pourrait offrir l'établissement à Lyon d'un système complet d'égoûts, a incidemment signalé quelques-uns des dangers qui semblent attachés à cet établissement, c'est bien plutôt à titre de renseignements pour la discussion ultérieure de cette grave question, que comme l'expression d'une opinion qui ne saurait se former sans un examen plus approfondi, examen auquel la Commission n'a pas eu à se livrer.

CONCLUSION.

—

En conséquence, Monsieur le Préfet, la Commission d'enquête est d'avis, sur la première question :

Qu'il y a nécessité et même urgence, pour la ville de Lyon, à augmenter son service d'eaux;

Que cette nécessité est d'utilité publique;

Quelle est immédiate, et que malgré l'insuffisance des égoûts actuellement existants, il convient qu'il y soit pourvu sans délai.

Deuxième Question.

QUELLE EST LA QUANTITÉ DES EAUX DONT LYON A BESOIN ? QUEL
EST LE MEILLEUR MODE DE LES DISTRIBUER ? QUELLES SONT LES
QUALITÉS DONT CES EAUX DOIVENT ÊTRE POURVUES ?

§ 1.

De la Quantité.

Le Conseil municipal de Lyon, qui avait d'abord
fixé cette quantité à 3,000 mètres cubes par 24 heures,
l'a ensuite élevée, par sa délibération du 19 mai 1836,
à 6,000 mètres, dont 3,000 destinés au service des
fontaines publiques et gratuites, et 3,000 au service
particulier ou à domicile. Le projet du cahier des
charges joint à cette délibération est établi sur ces
bases. Plusieurs documents ultérieurs indiquent, il
est vrai, la quantité de 9,000 mètres cubes comme
ayant été arrêtée, mais rien, dans les pièces jointes
au dossier que vous avez mis à la disposition de la
Commission, n'établit qu'il en ait été ainsi.

Quant à la quantité fixée de 6,000 mètres cubes,
cette quantité serait suffisante peut-être pour la ville
de Lyon seulement, mais non pour l'agrégation
lyonnaise tout entière.

La consommation moyenne des villes est, en Angleterre, de 62 litres environ; en France, de 40 à 45 litres. Il semblerait peu convenable que la population de la seconde ville du royaume restât au-dessous de cette moyenne.

Il est indispensable, au surplus, si on veut arriver à quelque chose d'un peu précis, à ce sujet, de distinguer les eaux nécessaires à la consommation domestique, des eaux consacrées soit à l'industrie, soit à l'arrosage et au lavage de la voie publique.

La commission pense que la consommation pour les usages domestiques doit s'évaluer de 20 à 25 litres par jour et par individu, soit un hectolitre pour chaque famille de quatre personnes. C'est la partie fixe du service qui, pour une population de 200, 000 âmes, représenterait une quantité de cinq-mille mètres cubes par jour; c'est cette partie seulement qui peut se calculer à raison de la population.

Quant à l'industrie, il est bien évident que ses besoins ne peuvent se mesurer sur cette échelle, mais uniquement sur la nature, l'étendue et l'importance des établissements de chaque cité. A Lyon, ces besoins peuvent s'évaluer à mille ou quinze cents mètres cubes par jour, car il ne faut pas oublier que plusieurs industriels continueront sans doute à employer les eaux de nos rivières propres à certains usages, ainsi que les eaux de sources dont ils sont actuellement en possession.

Pour ce qui est des eaux de propreté et de salubrité publiques, elles ne sauraient non plus se calculer sur la population, mais sur le périmètre plus ou moins étendu d'une ville, sur sa forme, sa situation, son climat, la largeur de ses rues, et leur pente ou déclivité. Une quantité de deux à trois mille mètres cubes destinés à cet usage a paru nécessaire pour rendre à notre ville la propreté dont elle a si grand besoin.

Il ne faudrait pas que ces eaux fussent simultanément répandues sur toute la surface de la ville, parce qu'en ce cas leur volume serait insuffisant, surtout dans les rues qui manquent de pente. Il faudrait, au contraire, que ce service fût combiné de manière qu'on pût, à volonté, porter sur tel ou tel point, une masse très-considérable d'eaux, ce qui leur permettrait de courir avec une certaine force, même dans les rues dépourvues de pente, et d'entraîner les boues, glaces, neiges et immondices, à l'aide des balayeurs qui seraient portés sur les mêmes points, de façon à les faire agir simultanément, et à joindre leur action à celle des courants d'eau qui seraient ainsi établis à volonté, et proportionnés aux besoins de chaque localité et de chaque circonstance.

Les explications qui précèdent auront fait comprendre que la quantité d'eau n'est pas tout, et qu'il importe que cette quantité soit convenablement distribuée, et surtout que les moyens de distribution soient combinés de manière à rendre faciles et peu dispendieux, pour la population, les soins de propreté, dont il est si vivement à désirer qu'elle contracte l'habitude.

Pour ces motifs, la Commission d'enquête a pensé, Monsieur le Préfet, qu'une fourniture de 9,000

mètres cubes par jour, était nécessaire pour faire
face à tous les besoins actuels. Elle a pensé de plus,
qu'en vue de l'augmentation présumée de la population, les moyens de distribution devaient être
immédiatement disposés de telle façon que cette quantité pût être ultérieurement augmentée à raison des
besoins nouveaux qui se seraient produits, sans
pourtant dépasser, à ce sujet, les limites posées par
la justice et la raison qui, tout en commandant une
sage prévoyance, ne veulent cependant pas que le
présent soit immolé à l'avenir.

§ 2.

Du Mode de distribution.

Nous avons parlé de service *gratuit.* Les esprits
éclairés savent bien, Monsieur le Préfet, que la
gratuité, dans ce cas, n'est qu'un mot et que ce
mot lui-même n'est qu'une erreur; ils savent que
l'eau *donnée* de cette manière, est quatre ou cinq
fois plus chère que l'eau *vendue.* Et qu'à ce
sujet, il nous soit permis d'entrer dans quelques
explications dont vous reconnaîtrez toute l'importance.

La compagnie des eaux à dériver offre de vendre
l'eau distribuée à domicile, pour emploi de ménage,
sept centimes par jour, pour une fourniture quotidienne d'un seul hectolitre, et cinq centimes pour

chaque hectolitre fourni en sus du premier (1); celle
livrée à l'industrie, à deux centimes, et celle fournie
aux fontaines et autres services publics, à un centime.

La Commission, qui pense que le prix de la fourniture d'un seul hectolitre peut être réduit à cinq
centimes au lieu de sept, ainsi qu'elle le démontrera
plus tard, va raisonner dans cette hypothèse.

Un ménage composé de quatre personnes devant
consommer, en moyenne, d'après ce que nous venons
de dire, un hectolitre par jour, soit 25 litres par individu, il s'en suit que l'approvisionnement de chacun des 50,000 ménages lyonnais, lui reviendrait,
rendu à domicile, à 18 f. 25 c. par année; soit
4 f. 56 c. 1/4 par individu, dépense qui, on le verra
plus tard, pourrait se réduire à 50 c. par individu et
par an, si l'eau dérivée était cédée au prix de revient
et sans aucun profit.

Voyons maintenant ce que coûtera le même approvisionnement à chacun de ces ménages, s'ils veulent
se le procurer aux fontaines gratuites de distribution.

Quelque nombreuses que soient ces fontaines, elles
se trouveront bien au moins à une distance moyenne
de cent mètres, de chaque domicile.

D'un autre côté, on sait que les ouvriers habitent
généralement les étages supérieurs; c'est donc rester
au dessous de la vérité que de considérer le troisième
étage comme la moyenne de la hauteur à laquelle
l'eau devra être portée.

---

(1) Ces prix (7 c. et 5 c.) sont ceux du tarif qui avait été précédemment adopté par le Conseil municipal de Lyon, en vue d'un
projet qui n'a pas eu d'exécution.

Un seau ordinaire contient dix litres et pèse environ (le vase compris) 12 à 13 kilogrammes ; il faudra donc, pour apporter un hectolitre à domicile, faire cinq voyages à la fontaine, en supposant que le membre de la famille qui sera chargé de ce soin ait la force suffisante pour porter deux seaux pleins, de 10 litres chacun, soit un demi quintal, à une distance de 100 mètres et à une hauteur de trois étages.

Le temps nécessaire pour descendre et aller à la fontaine, attendre son tour, emplir ses seaux, revenir, se reposer, remonter, replacer ses seaux, est bien, à coup sûr, d'un quart-d'heure au moins, soit une heure et quart par jour, pour les cinq voyages à faire, soit par année, *trente-huit* journées de travail, de *douze* heures chacune.

Maintenant en évaluant la journée d'un homme à 2 f. 50, celle d'une femme à 1 f., et celle des enfants assez forts pour aller chercher l'eau aussi à 1 f., et en admettant que ce service doive être fait pour un tiers par les hommes, un tiers par les femmes, un tiers par les enfants, on trouvera une moyenne d'un franc cinquante centimes par journée, soit par année et par ménage 57 f., à quoi il faut ajouter 3 f. 65 que coûterait à la ville, à raison d'un centime par hectolitre, l'eau qui serait prise aux fontaines publiques ; en tout 60 f. 65, au lieu de 18 f. 25 ; ce qui fait une différence de 42 f. 40 par ménage, soit pour 50,000 ménages, 2,120,000 f. de perte ! sans compter encore l'eau gaspillée aux fontaines, et qui n'en est pas moins payée par la ville, ou ce qui est la même chose, par les citoyens.

Par ce mode de fourniture, l'administration s'impose donc une charge qui, loin de procurer une économie à nos ouvriers, est pour eux la cause d'une perte réelle. Car, ainsi que nous l'avons dit, l'eau qui leur est livrée de la sorte, loin de leur être *donnée*, est payée par eux quatre ou cinq fois sa valeur!

On lit, dans un ouvrage fort remarquable attribué à lord Brougham, les réflexions suivantes, qui prouvent, aussi bien que ce qui précède, que l'administration ne parviendra à donner à nos ouvriers, les habitudes de propreté qui leur manquent, que lorsque l'eau leur arrivera d'elle-même, en abondance et à bon marché :

« Si les habitants de Londres avaient pris la résolution de continuer à employer des porteurs d'eau, ils auraient été obligés de se contenter de huit *gallons* (un *bushel*) d'eau par jour, au lieu de 200 (1); ou s'ils en avaient consommé une plus grande quantité, et avaient continué à la payer au prix du transport à la main, ils auraient été obligés de se refuser d'autres nécessités et d'autres jouissances. Ils auraient dû se passer d'une certaine quantité de nourriture, ou de vêtements, ou de combustibles. Avoir pour chaque maison 200 *gallons* d'eau, et avec ces 200 *gallons* obtenir cette propreté qui résulte de l'usage de l'eau, eût été chose de toute impossibilité. A deux *pences* le s

---

(1) On distribue à Londres 200 *gallons* (environ 900 litres) par jour et par maison de dix habitants, au prix moyen de deux *pences* (20 centimes), ce qui représente pour chaque ménage de quatre personnes, f. 29 20 par année, soit par individu f. 7 30.

huit *gallons*, ce qui n'eût pas été trop cher, vu les distances où l'on aurait dû les porter, l'approvisionnement actuel de Londres de 29 millions de *gallons*, aurait coûté par an environ neuf millions de *livres sterlings* (216,000,000 de francs), et aurait employé pour le porter, à raison de 120 *gallons* par porteur, 240,000 hommes! ou à peu près tous les hommes valides que renferme Londres. »

Mieux que tous les raisonnements, de pareils rapprochements sont propres à faire sentir tout ce que notre système actuel d'approvisionnement a de déplorable, nous dirions presque de honteux.

Mais, si l'eau est nécessaire à la propreté, la propreté n'est pas moins nécessaire à la santé. « S'il y a rareté d'eau, dit l'auteur de l'ouvrage que nous venons de citer, ou s'il faut beaucoup de travail pour l'obtenir, ce qui revient au même, on négligera les divers soins de propreté pour lesquels l'eau est nécessaire. Si cette négligence devient une habitude, ce qui arrivera infailliblement, des maladies de la nature la plus fâcheuse en seront la suite. »

Il pourrait se faire que quelques personnes considérassent ce travail, pour nos ouvriers, comme une diversion utile à celui de la journée. Mais s'il en était ainsi; si ce travail était une distraction; si l'ouvrier n'y consacrait que des heures improductives et de loisir forcé, pourquoi s'épargnerait-il, ainsi qu'il le fait, l'eau dont il a besoin? Ce n'est pas parce qu'elle manque qu'il s'en abstient, c'est parce qu'il est obligé d'aller la chercher. Des rivières couleraient dans les rues qu'il n'en emploierait pas

une goutte de plus. Et cela ne se conçoit que trop.
Monter cinq étages est déjà une corvée devant laquelle beaucoup de gens reculent ; qu'est-ce de les
monter avec un demi quintal pendu aux bras ; aux
bras d'un enfant, aux bras d'une femme faible,
vieille, souffrante ; car enfin les ouvriers ne sont pas
toujours jeunes, forts et vigoureux. Singulier amu-
sement, en vérité, que ce travail de forçat que les
écritures mêmes rangent parmi les plus pénibles la-
beurs ! les écritures, qui, en parlant des misères et des
fatigues de la vie humaine, font allusion à la condition
des bûcherons et des *porteurs d'eau*. Aussi cette tâche
est-elle, dans tous les ménages et partout, considérée pour ce qu'elle est, c'est-à-dire pour une corvée
très-fatigante et que chacun cherche à esquiver, d'autant plus que l'obligation de quitter, pendant l'hiver,
un appartement chaud, pour aller brusquement s'exposer au froid, et souvent se mouiller, doit être,
dans beaucoup de cas, funeste à la santé, et amener
de fréquentes maladies.

Ce mode de distribution a cela aussi de fâcheux,
que les hommes et les femmes qui se réunissent au
pied des fontaines, y perdent souvent plus que leur
temps, car les choses, là, se passent en général moins
bien que près de la fontaine de Laban (1).

_____

(1) On n'a cessé de répéter à l'administration que la rareté des eaux
était la principale cause de la malpropreté que l'on remarque sur le
corps et dans les habitations des classes laborieuses ; qu'en outre, cette
rareté *leur occasionne de longues interruptions de travail, ce qui a
souvent de dangereuses conséquences sur leurs mœurs,*
  (Rapport au Cons. municip. du 10 décembre 1835.)

On a manifesté, à propos de la distribution à
domicile, la crainte de voir, pendant les froids
rigoureux, l'eau se geler dans les tuyaux.

Il en arriverait sans doute ainsi pendant huit ou dix
jours de l'année, en moyenne, si on ne prenait aucune
précaution ; mais ce qui se passe dans les villes les
plus froides de l'Angleterre, et notamment à Londres
et à Édimbourg, est de nature à nous rassurer.

Des mesures simples et faciles sont adoptées en
pareil cas, pour éviter cet inconvénient. Quand les
froids sont trop rigoureux, on en est quitte pour
suspendre le service d'intérieur, et alors les habitants vont chercher l'eau dont ils ont besoin, au bas
des maisons, ou dans des fontaines publiques, et font
tout simplement, pendant quelques jours, ce que
nous faisons toute l'année.

Il convient d'ajouter que, si le service se faisait
avec l'eau des sources, ce risque serait considérablement diminué, ainsi qu'on en pourra juger par
ce que nous dirons plus loin, à propos du lavage de
la voie publique.

Nous savons qu'il a été objecté que si le service à
domicile avait été généralement adopté à Londres et
dans les principales villes d'Angleterre, cela tenait à
des circonstances et à des habitudes locales qui ne
se rencontrent pas à Lyon. C'est ainsi, a-t-on dit, qu'à
Londres, les maisons sont pour la plupart munies d'un
réservoir supérieur qui distribue les eaux sur tous les
points où elles sont nécessaires ; que les cuisines
sont généralement placées au-dessous du sol ; que les
maisons sont basses et contiennent rarement plus

d'un ou deux ménages. Mais nous ne voyons rien dans ces circonstances, ni dans ces habitudes qui soit de nature à faire écarter, pour notre ville, ce mode de distribution.

Il est moins dispendieux, et il n'est pas plus difficile de faire monter l'eau d'un étage à l'autre, que de la conduire d'une maison à la maison voisine.

Les eaux ménagères pourraient être descendues à la rue à main d'homme, avec beaucoup moins de peine et de temps qu'il n'en faut pour se procurer de la même manière, les eaux destinées au service du ménage, et pourtant toutes nos maisons sont munies du haut en bas, de tuyaux de descente. Or, pourquoi ne ferions-nous pas, pour nous procurer l'eau, ce que nous faisons pour nous en débarrasser; pour nous éviter un travail considérable, ce que nous n'hésitons pas à faire pour nous en épargner un moindre? Si le mode adopté pour le départ est bon, pourquoi le proscrire pour l'arrivée? Pour cela que faut-il? placer tout simplement un tuyau de montée à côté du tuyau de descente; est-ce donc là chose bien difficile? Ou mieux, ne serait-il pas possible de faire des tuyaux à double compartiment, dont l'un recevrait les eaux ascendantes et l'autre les eaux descendantes?

L'eau, dans les tuyaux de descente, gèle parfois l'hiver, et cet inconvénient ne nous a pas arrêtés; pourquoi nous arrêterait-il lorsqu'il s'agit d'un service bien autrement important? D'ailleurs, quand les esprits se seront tournés de ce côté, on aura bientôt trouvé, sans doute, un moyen de préserver de la gelée l'eau renfermée dans les tuyaux extérieurs de distribution ; déjà on parle d'un enduit qui produirait cet effet.

Et n'est-ce rien en échange, que d'éviter, de cette manière, d'avoir nos allées et nos escaliers constamment souillés par l'eau qui se répand des seaux montés à la main ; ainsi que cela arrive, surtout dans les maisons d'ouvriers, où ce service est confié à des personnes généralement peu soigneuses et notamment à des enfants ; n'est-ce rien que d'épargner à notre laborieuse et intéressante population tant de fatigues, tant de perte de temps?

Lorsque le gaz chercha à s'introduire dans nos villes, il fut accueilli par mille objections du même genre. Il a triomphé ; il en sera de même du service d'eaux à domicile, parce que le vrai et le bien triomphent toujours.

Néanmoins, Monsieur le Préfet, et quelque puissantes que soient les considérations qui précèdent, comme les habitudes et la routine ont leurs exigences dont il faut faire état ; comme la vérité est obligée souvent de transiger avec les faits, comme elle ne s'impose pas et arrive aux masses, ainsi que l'eau pure elle-même, c'est-à-dire lentement et au travers du filtre de l'expérience et du temps ; comme le peuple s'impressionne beaucoup plus qu'il ne raisonne ; comme ses calculs s'étendent rarement au-delà du présent ; comme les charges indirectes, telles que l'impôt foncier, qui n'est autre chose, à tout prendre, qu'un impôt sur le pain, le trouvent fort indifférent, parce qu'il les paie sans s'en douter, tandis que l'impôt de consommation, si improprement appelé *impôt indirect*, est et sera toujours impopulaire, parce que le peuple le paie lui-même et directement, la Commission pense que l'autorité municipale ne peut guères se dispenser de faire établir ou de maintenir un certain nombre de fontaines publiques, sauf à diminuer successivement l'importance de ce service, lorsque l'expérience et le bon sens public auront fait comprendre tout ce qu'il a d'onéreux, surtout pour les classes ouvrières.

§ 3.

Des Qualités de l'eau destinée aux services publics et particuliers.

Au moment d'entrer dans le domaine aride de la science, le premier devoir de la Commission, Monsieur le Préfet, est de signaler à votre attention, et à la reconnaissance publique, ceux de nos honorables et savants compatriotes dont les travaux ont jeté, sur la question qui nous occupe, une lumière qui a guidé la Commission d'enquête, dans cette partie si difficile et si délicate de la tâche qui lui a été confiée.

La Commission présidée par M. le docteur Polinière, et composée, ainsi qu'on l'a dit avant nous, et à si juste titre, d'hommes de science et de conscience, a traité cette question en vertu de la mission officielle qui lui avait été donnée à ce sujet.

Le travail de cette Commission nous a paru empreint de la plus scrupuleuse impartialité, et digne de faire autorité sur la matière. Nous avons eu plusieurs fois à nous appuyer sur cette autorité (1).

La Société de médecine de notre ville s'est également occupée très-spécialement de cette question, comme étant de sa compétence exclusive (2). Une Commission nommée par elle a été chargée de lui rendre compte de l'ouvrage de M. Dupasquier, et de plus, *d'examiner en elle-même et d'une manière absolue la question des eaux potables*. Un Rapport a

---

(1) Cette Commission, nommée par arrêté du 28 août 1839, rendu par M. Rivet, alors préfet du Rhône, se composait de

MM.

POLINIÈRE, président de la Société de médecine de Lyon, *Président*;
FOURNET, professeur de géologie à la Faculté des sciences;
BINEAU, professeur de chimie à la même Faculté;
TABAREAU, professeur de physique à cette Faculté;
JOURDAN, professeur de zoologie à la même Faculté;
BUISSON, pharmacien, docteur ès-sciences;
IMBERT, prof, d'hist. nat. à l'école de méd. de Lyon, *Secrét.-rapport.*

Lorsque nous aurons à citer, plus tard, cette Commission, nous la désignerons, pour éviter des répétitions, sous le nom de *Commission du 28 août.*

(2) Qui mieux que vous, dit M. le rapporteur de cette Commission, peut être appelé à décider une question aussi délicate? Le premier usage de l'eau qu'on vous amènera ne sera-t-il pas de servir de boisson à 200,000 habitants, et d'entrer dans la préparation de presque tous les aliments de cette immense population? Comme première condition, elle devra donc posséder toutes les qualités hygiéniques nécessaires pour constituer une bonne eau potable. Vous seuls pouvez apprécier ces qualités et leurs effets. Vous êtes, dès-lors, plus aptes que personne à juger cette grande question; elle est entièrement de

été présenté par M. le docteur Brachet, au nom de cette Commission. Ce Rapport qui a été adopté à l'unanimité par la Société, et qui exprime ainsi l'opinion du corps médical de Lyon, nous a également paru digne de la plus sérieuse attention.

Enfin, M. le docteur Dupasquier, que nous aurions peut-être dû nommer le premier de tous, à raison surtout de l'importance de ses travaux, a publié sur la question des eaux, un ouvrage qui est, à coup sûr, ce que la science possède de plus éminent et de plus complet sur cette question (1).

Indépendamment de ces savants, plusieurs autres

votre compétence : la physique et la chimie toutes seules seraient insuffisantes pour la résoudre.

Cette Commission se composait de

MM. VIRICEL, *président;*
    DE LA PRADE ;
    LUSTERBOURG ;
    CHAPEAU ;
    BONNET ;
    DAVALLON ;
    BRACHET, *rapporteur;*

Lorsque nous aurons à parler, par la suite, de cette Commission, nous la désignerons sous le titre de *Commission médicale.*

MM. POLINIÈRE et ROUGIER faisaient en outre partie de droit de cette Commission, le premier comme président de la Société, et le second en qualité de secrétaire-général.

(1) *Des Eaux de source et des Eaux de rivière, comparées, etc., par Alph. Dupasquier, professeur de chimie médicale et industrielle, Lyon, 1840. Sary jeune.*

Cet ouvrage, accueilli avec la plus grande faveur par le monde savant, a déjà porté ses fruits dans plusieurs villes, et notamment à Besançon, où l'autorité indécise encore, a puisé, dans ce livre, les convictions qui lui manquaient et qu'elle est au moment de réaliser.

Ce même ouvrage a valu à son auteur, de la part de la Société de

ont concouru à éclairer la question par les expériences et par les analyses qu'ils ont été appelés à faire, soit des eaux du Rhône, soit des eaux des sources. Au nombre de ces savants sont MM. Boussingault (de l'Institut), Buisson, Bineau et Davallon.

Il était impossible, Monsieur le Préfet, que les opinions unanimes et concordantes de tous ces hommes distingués n'exerçassent pas, sur celle de la Commission d'enquête, une juste influence. Lorsque l'administration a invoqué le concours d'hommes spéciaux, rien n'est plus raisonnable, de sa part, que d'agir ensuite, sur la foi des lumières qu'elle leur a demandées, surtout lorsque leur opinion a trouvé un contrôle propre à la rassurer, dans l'absence de toute contradiction (1) ; une garantie suffisante, dans la juste réputation de science et de probité qui les protège.

Il ne faudrait pas conclure de ces paroles, Monsieur le Préfet, que la Commission d'enquête se soit bornée à vous transmettre une opinion toute faite qu'elle aurait prise dans les auteurs qu'elle vient de citer ; la Commission s'est éclairée et aidée de leurs lumières et de leurs travaux sans doute, mais elle n'a

Médecine de Lyon, une approbation unanime, en preuve de laquelle cette Société lui a décerné une médaille d'or.

Enfin, le gouvernement vient de donner, à son tour, à M. Dupasquier, en récompense du service rendu par lui à la science, ce qu'il peut donner de plus précieux, en plaçant sur sa poitrine, ce noble contrôle qui ne donne pas à l'or sa pureté, sans doute, mais qui la constate.

(1) L'ouvrage de M. Dupasquier est imprimé depuis trois ans : il n'a rien été publié depuis, qui soit en contradiction avec l'opinion de son auteur.

accepté leurs opinions qu'après en avoir vérifié et reconnu la justesse. Guidée par les hommes spéciaux qu'elle renferme dans son sein, et qui ont composé la sous-commission à laquelle cette question avait été renvoyée, elle a tout pesé, tout examiné, et n'a rien accepté d'autorité.

Maintenant, Monsieur le Préfet, que la Commission a rempli ce qu'elle considérait comme un acte de la plus légitime reconnaissance envers ceux qui l'ont aidée dans ses travaux, nous allons revenir à notre sujet.

Bien que la chimie de l'eau ne date, à vrai dire, que de l'immortel Lavoisier, la Commission n'a pas moins cru devoir consulter aussi les ouvrages des anciens; mais elle est obligée de dire, qu'elle n'y a rien trouvé qui fût de nature à trop invalider le reproche que Sénèque adressait déjà aux physiciens de son temps : ils erraient encore autour du vrai : *circà verum adhuc errabatur* (1).

Ces auteurs s'accordent assez généralement, il est vrai, sur les signes ou caractères auxquels on peut reconnaître les eaux bonnes ou mauvaises, mais ils

---

(1) Nous consignons ici, pour faciliter les recherches de ceux qui seraient tentés d'étudier à fond cette matière, les noms des auteurs qui se sont plus spécialement occupés de cette question. Les principaux sont : Pline, Vitruve, Celse, Newton, Scaliger, Bayle, Lister, Perrault, Boerhave, Morgraff, Wodward, Hook, Vanhelmont, Cardan, Lydiat, Hoffmann, Beckel, Duclos, Valerius, Davity, Gassendi, Bernard de Palissy, Cartheuser, Fabricius, Duhamel, Schottus, le père François, Plot, Valmont de Bomare, Monnet, et autres cités dans la *Bibliothèque de Gronovius*.

A ces noms il faut encore ajouter, Andréossy, Bélidor, Borgnis, de Cessart, Jaubert de Gassa, Bertrand, Ducrest, etc. etc.

n'étaient pas encore remontés des effets aux causes ; ils disaient bien telle eau est bonne ou ne l'est pas, mais ils ne disaient pas pourquoi.

Suivant Hippocrate, l'eau doit être limpide, légère, aérée, sans odeur ni saveur sensible, chaude en hiver, froide en été.

Pline voulait qu'elle fût, en quelque sorte, semblable à l'air, c'est-à-dire parfaitement limpide, incolore et inodore.

Suivant le Dictionnaire des Sciences, résumant l'opinion des auteurs du siècle précédent, les bonnes eaux doivent être légères, vives, douces, subtiles, *mites*, *lenes*.

La bonne eau, ajoute le même ouvrage, dissout parfaitement le savon, nettoie mieux le linge, cuit les légumes en moins de temps, nourrit les meilleurs poissons, tire mieux les teintures des différentes substances auxquelles on l'applique, fait le meilleur mortier et la meilleure bière.

Tissot veut qu'on choisisse une eau de fontaine pure, douce, fraîche, qui mousse facilement avec le savon, qui cuise bien les légumes, qui lave parfaitement le linge.

Ce sont bien là, en effet, les signes et caractères auxquels on reconnaît qu'une eau est plus ou moins bonne, mais où sont les causes ? Pourquoi cette eau est-elle bonne, et celle-là mauvaise ? C'est, nous le répétons, ce qui paraît n'avoir pas été suffisamment étudié ; c'est au moins ce qui n'avait pas été précisé avant M. Dupasquier, dont les recherches nous ont fait connaître la part d'influence

utile ou funeste qui appartient aux différentes substances gazeuses et salines que l'eau tient en dissolution. Ainsi a été remplie la lacune qu'avaient laissée,
dans l'hydrologie, les efforts de la science et les
enseignements de la pratique et de l'expérience.

Les qualités principales de la bonne eau sont au
nombre de trois, toutes également importantes,
toutes également indispensables.

Ces qualités sont :

L'égalité de température ;

La limpidité ;

Une bonne composition chimique.

Nous aurons à apprécier l'importance de chacune
de ces qualités dans leur rapport avec les usages
principaux auxquels les eaux sont destinées. Ces
usages sont aussi au nombre de trois :

Les usages domestiques,

Les usages industriels,

Le lavage, le nettoiement et l'assainissement de
la voie publique.

I.

DE LA TEMPÉRATURE.

Usages domestiques.

La température de l'eau destinée à la boisson de
l'homme doit être uniforme, c'est-à-dire que, comparée à la température atmosphérique, cette eau

doit être fraîche l'été, et tiède l'hiver. *Optimæ sunt quæ.... et hieme calidæ fiunt, æstate verò frigidæ*, a dit le père de la médecine.

M. Hallé, dans le Dictionnaire des sciences médicales, fait ressortir l'importance qu'on doit mettre à s'abstenir d'une eau trop rapprochée de l'état de nos organes, et pense que l'usage des eaux glacées l'hiver, chaudes l'été, est également funeste à la santé.

M. Dupasquier entre, à ce sujet, sous le rapport médical, dans des développements que devront lire ceux qui conserveraient quelques doutes à cet égard. Suivant lui, une eau très-fraîche durant l'été, doit être considérée comme l'une des principales nécessités hygiéniques. Cette doctrine est celle des deux Commissions dont nous avons déjà invoqué l'autorité.

« Les boissons fraîches pendant la saison chaude, « dit celle du 28 août, ne sont pas seulement un « plaisir du goût, c'est un besoin impérieux pour « la santé ; elles soutiennent les forces de l'estomac, « que les grandes chaleurs affaiblissent. »

Cette Commission est d'avis que la ville doit fixer à 15 degrés centigrades, la plus haute température des eaux, à leur sortie des fontaines publiques.

« La fraîcheur, dit à son tour la Commission « médicale, suffit bien souvent pour faire digérer « une eau de mauvaise qualité, pendant que la « tiédeur rendra la meilleure eau nauséabonde et « indigeste. »

Tout le monde est d'accord sur ce sujet, et c'est dès lors chose sur laquelle il est inutile d'insister.

Usages industriels.

L'égalité de température, moins indispensable pour ces usages, à coup sûr, que pour l'eau potable, est fort désirable néanmoins pour l'eau surtout qui est employée à l'opération que les teinturiers appellent le *rinçage*. Lorsque l'eau, dit M. Dupasquier, approche du degré de la congélation, non seulement elle est moins propre à cette opération et à toute espèce de lavage destiné à entraîner des matières solubles, mais encore le froid incommode les ouvriers, rend leur travail imparfait, et peut en amener la suspension par la congélation dans les tuyaux et réservoirs.

L'égalité de température importe surtout à l'industrie de l'impression sur étoffes. Le lavage à grande eau, fait après l'impression, et qui a pour but d'entraîner la couleur non fixée avec les particules insolubles qui y sont restées adhérentes, ne peut se faire avec succès, si on y emploie de l'eau, tiède l'été, trop froide l'hiver; car dans le premier cas elle facilite outre mesure l'action dissolvante du liquide de lavage, et peut s'opposer, dans le second, à ce qu'il entraîne toutes les parties solubles; circonstances qui ne permettent pas de donner à l'étoffe, cette égalité de teinte qui en fait la beauté.

Lavage, Propreté et Salubrité publiques.

L'uniformité de température dans les eaux des⸱
tinées à cet usage, est plus utile qu'on ne serait
tenté de le croire au premier aspect.

Pendant les fortes chaleurs, une eau qui n'aurait
pas été échauffée par le soleil contribuerait bien plus
que celle qui approcherait de la température atmosphérique, à rafraîchir l'air embrasé qui circule dans
nos rues étroites et sur nos pavés brûlants.

L'hiver, les avantages d'une eau tempérée seraient
plus sensibles encore, puisqu'elle pourrait être
versée sur la voie publique et y courir assez longtemps sans se congeler. En effet, l'eau n'a qu'une
faculté moyenne de conductibilité pour le calorique.
Quand elle a atteint une température soit basse,
soit élevée, si elle se trouve en certaine masse, elle
la conserve longtemps et avec une grande ténacité,
alors même qu'elle est en contact avec une atmosphère d'une température opposée. Ce n'est que très-
lentement alors que le calorique est pris ou cédé
par l'eau, et que l'équilibre s'établit entre la température de ce liquide et celle de l'air.

Il résulte d'une expérience faite par M. de Lagorce, consignée dans son Rapport à M. le Préfet
du 24 octobre 1838, ainsi que des renseignements
recueillis par la Commission, sur les lieux, et d'une
déclaration de M. le Maire de Neuville (1), que l'eau

---

(1)   Nous Maire de Neuville-l'Archevêque,
Pour répondre à la question qui nous est adressée par M. l'Ingénieur

de la fontaine de Lavosne emploie deux heures
quarante-quatre minutes pour se rendre à la Saône,
et ne gèle cependant jamais, en aucun point de son
cours, même dans les temps les plus froids (1), quoiqu'elle soit agitée et divisée par plusieurs usines, et
qu'elle se trouve constamment en rapport, par une
large surface, avec l'atmosphère.

Il faut noter, en outre, que l'on ne peut savoir
jusqu'à quel point d'éloignement l'eau de cette
source parviendrait, sans se geler, si elle n'allait
pas si tôt se confondre avec celle de la Saône.

Un fait plus explicite encore a été observé en
1838, par M. Mellier, à l'indiennerie de Roye,
pendant l'un des jours les plus rigoureux du mois
de janvier (la température extérieure étant à 16°
centigrades au-dessous de zéro). Comme on devait
imprimer sur des chaînes de soie et les laver à
l'eau courante, après l'impression, et que M. Mellier

en chef du département du Rhône, relativement à l'effet des grands
froids sur le cours d'eau de Neuville, nous certifions que ce ruisseau
ne gèle en aucun point de son cours, depuis sa source jusqu'à son
embouchure dans la Saône, quoique, dans l'intervalle d'un moulin à
un autre, l'eau n'ait qu'une très-faible pente. Nous attestons, en preuve
de cela, que le moulin des foulons, le dernier mis en mouvement par
ce ruisseau avant son embouchure, ne s'est arrêté ni dans l'hiver de
1830, ni au mois de janvier de cette année, malgré un froid de 15°
environ.

Neuville, le 15 octobre 1838.

Le Maire de Neuville, Signé : TRAMOY.

(1) Le 11 janvier 1838, par exemple, à sept heures et demie du
matin, le thermomètre marquait 18° 3 au-dessous de 0; le 15, même
heure, 21° 2 ; le 21, même heure, 19° 2, à l'Observatoire de Lyon.

avait la crainte que les brins de soie ne vinssent
à geler, il voulut examiner la température des
eaux employées dans ses ateliers : cette température était de 12°, 5 centigrades au-dessus de zéro,
au point supérieur du premier souterrain de la
source ; à l'extrémité de la galerie, au débouché de
l'eau dans le grand réservoir, elle marquait encore
12° 2 ; parvenue enfin dans le lavoir, au milieu du
clos, après avoir séjourné neuf à dix heures dans le
réservoir, exposée par conséquent au contact de
l'air glacé, et alors qu'elle avait passé sur trois roues
hydrauliques, cette eau était encore à 8° 7 au-dessus
de zéro. Ainsi, après ce long contact avec une atmosphère à 16° 5 au-dessous de 0, elle n'avait perdu que
trois degrés de sa température initiale.

Un fait analogue et non moins concluant est rap-
porté dans une note qui a été publiée avec le rapport de la Commission du 28 août. Pendant l'hiver
de 1840, dit cette note, une partie de la source du
Jardin-des-Plantes, équivalente à environ deux pouces
fontainiers, avait été détournée, et ne se rendait plus
au petit réservoir de chasse, placé vers le débouché
de la galerie souterraine. Cette eau, après avoir
coulé à découvert jusqu'au mur de clôture, du milieu duquel elle tombait sur le sol, se dirigeait vers
la rue saint Marcel, en suivant le côté occidental de
la place Sathonay. Or, suivant cette même note, les
habitants de ce quartier auraient remarqué que,
durant les huit jours les plus froids, sous une température de 5 à 6° au dessous de 0, le petit ruisseau
formé par l'eau de source ne produisait pas la

moindre parcelle de glace, jusqu'à sa rencontre
avec celui de la rue Saint-Marcel, qu'il trouvait
entièrement gelé. Cette circonstance vient de se
renouveler, et a été observée par le rapporteur
de la Commission. Le 4 mars, à 8 heures du matin,
il a vu l'eau provenant de la même source courir
non seulement jusqu'à la rue Saint-Marcel, mais
encore jusqu'à la place Saint-Vincent, c'est-à-dire
jusqu'à la Saône, pendant que tous les autres ruisseaux étaient gelés, sous un froid de — 4° 5.

Ces faits démontrent, Monsieur le Préfet, tout
l'avantage que présenteraient pour la bonne viabi·
lité de notre ville, des eaux qui, pendant l'hiver,
se trouveraient placées dans des conditions telles
qu'elles ne gèleraient que difficilement sur la voie
publique.

II.

DE LA LIMPIDITÉ.

Usages domestiques.

Une eau est d'autant plus limpide, qu'elle est plus
complètement dégagée de toutes matières en *suspension*, matières qu'il ne faut pas confondre avec
les substances qui se trouvent en dissolution dans
l'eau et dont nous parlerons bientôt.

Ces matières généralement terreuses, sont toutes
nuisibles; elles communiquent à l'eau une saveur
et une odeur désagréables et la rendent lourde et
indigeste. A ces matières terreuses, se joignent

ordinairement, dans les crues qui les amènent, de nombreux débris de végétaux, des animalcules infusoires, et autres matières organiques qui, en se putréfiant, arrivent bientôt à l'état de dissolution. Ces substances nuisent essentiellement à la limpidité de l'eau qu'elles colorent et à laquelle elles communiquent une odeur nauséabonde.

Une eau limpide peut donc se reconnaître à sa parfaite transparence, et à l'absence complète de toute couleur et de toute odeur.

L'eau trouble, c'est de l'eau, plus de la terre, plus des débris organiques de végétation et autres, c'est-à-dire un mélange de matières diverses délayées ensemble, que notre répugnance instinctive condamne suffisamment.

On peut donc dire que, de toutes les qualités nécessaires à l'eau potable, la limpidité est incontestablement la plus indispensable.

Usages industriels.

La limpidité n'est pas moins nécessaire aux opérations de teinture et de lavage; car il est bien évident, que la présence de corps étrangers dans l'eau employée pour ces opérations, est propre à déranger toutes les combinaisons tinctoriales et à en modifier les effets. Elle est particulièrement indispensable pour la préparation des soies blanches dont l'éclat et la pureté ne peuvent s'obtenir et se conserver qu'à cette condition.

Il est de notoriété que, lors des inondations, et

quelquefois même lors des simples crues, les teinturiers en soie qui emploient l'eau de nos rivières,
sont obligés de suspendre complétement leurs opérations. Cet inconvénient a été signalé, Monsieur
le Préfet, dans une déclaration qui vous a été adressée, pendant l'enquête, par cinquante des principaux teinturiers de Lyon. Cette pièce sera jointe
au rapport de la Commission.

Lavage, Propreté et Salubrité publiques.

La limpidité, bien qu'infiniment moins essentielle
pour cet emploi, que pour les usages précédents,
ne laisse pas que de présenter certains avantages
dans l'eau destinée au lavage, à la propreté et à
la salubrité de la voie publique; et on ne saurait
hésiter à lui donner, même pour cet usage, la
préférence sur une eau trouble et boueuse, et qui,
en entraînant les immondices de la rue, y laisserait en plus ou moins grande quantité, les parties
terreuses qu'elle tiendrait en suspension.

III.

DE LA COMPOSITION CHIMIQUE DES EAUX.

Usages domestiques.

L'eau ne se rencontre jamais dans la nature à l'état
de complète pureté atomique ; cela vient de la disposition qu'elle a à dissoudre presque tous les corps,

et c'est fort heureux, puisque, dans cet état de pureté absolue, l'eau serait fort impropre à la plupart des usages auxquels elle est destinée, et surtout à la boisson. En effet, il est reconnu que, de toutes les eaux, l'eau distillée est la plus mauvaise et la plus désagréable à boire ; elle est d'une saveur fade et pesante à l'estomac. Il en est de même de l'eau de neige, qui approche le plus de la pureté atomique de l'eau (1).

Au contraire, les eaux qui tiennent en dissolution une quantité suffisante de certaines substances gazeuses et salines, ont une saveur agréable, facilitent les opérations de l'estomac, et sont généralement réputées bonnes. Ces substances sont donc utiles dans l'eau. Mais quelles sont ces substances et quelle est leur nature? c'est ce qu'il convient d'examiner.

Les substances gazeuses et salines qui jouent un rôle appréciable dans les eaux qui les tiennent en solution, sont au nombre de quatre.

Deux gaz : l'oxigène et l'acide carbonique. Deux sels : le carbonate et le sulfate de chaux.

Nous ne parlons ici ni de l'azote qui accompagne l'oxigène, et qui paraît ne jouer, dans les eaux, qu'un rôle négatif, ni de plusieurs sels qui s'y trouvent ordinairement en trop petite quantité, pour en affecter et modifier d'une manière sensible la qualité, et qui ne sont guères signalés dans les analyses chi-

(1) « C'est une erreur, dit la Commission médicale, de croire que « les eaux les plus pures, c'est-à-dire les moins chargées de sels, sont « aussi les meilleures. Car, à ce compte, l'eau distillée et l'eau de « neige seraient les plus potables, et cependant elles sont essentielle- « ment insalubres. »

miques que pour l'honneur de la science. Ces sels
sont le chlorure de sodium, le chlorure de calcium,
l'azotate de chaux, etc. A la science ses molécules et
ses millionnièmes, à l'administration les choses pra-
tiques et les calculs qui y conduisent.

L'eau ordinaire contient encore, presque toujours,
en plus ou moins grande quantité, des matières
organiques qui, d'abord en suspension, comme
nous l'avons dit, en parlant de la limpidité, finis-
sent, en se putréfiant, par s'y établir à l'état de
dissolution.

Nous allons nous occuper de chacune de ces matières ou substances.

De l'oxigène.

L'oxigène communique à l'eau une action stimulante et digestive. C'est ce qui a fait dire à tous ceux
qui ont traité cette matière, que l'une des qualités
essentielles de l'eau potable était d'être légère et
aérée.

De l'acide carbonique.

L'acide carbonique agit d'une manière analogue
et avec plus d'énergie encore que l'oxigène; il contribue à rendre l'eau légère et tonique, en lui communiquant une action doucement et agréablement
excitante; ce qui fait qu'elle est d'autant meilleure
qu'elle contient une plus grande quantité d'acide
carbonique. Chacun sait l'usage universel qui est fait
de l'eau gazeuse, et a pu en apprécier les avantages.

Des eaux pourvues convenablement de ce gaz seraient nécessaires surtout dans une ville comme la nôtre, abritée du nord, située entre deux grandes rivières, où les maisons sont d'une hauteur démesurée, les rues étroites, et les habitudes généralement casanières.

Du carbonate de chaux.

Ce serait par erreur, suivant M. Dupasquier, que l'action de cette substance aurait été confondue jusqu'à présent avec celle des autres sels calcaires; et en effet les recherches faites postérieurement par plusieurs autres savants, sont venues confirmer cette opinion, et ont démontré que M. Dupasquier avait fait faire, sous ce rapport, à la science de l'hydrologie, un pas d'un très-grand intérêt, en rendant, comme nous l'avons déjà dit, à chacune des substances que les eaux tiennent en dissolution, les propriétés spéciales qui leur appartiennent. Le carbonate de chaux, à moins qu'il n'existe en trop grande proportion, telle par exemple que dans les eaux incrustantes de la fontaine de Saint-Alyre, à Clermont, doit être considéré comme un principe très-utile dans l'eau potable. En effet, ce sel dissous à l'état de bi-carbonate, comme il se trouve dans les eaux potables, est également utile par la double propriété qu'il a de rendre l'eau plus apte à faciliter les fonctions digestives de l'estomac, et de fournir, par la voie la plus convenable, une partie de l'élément indispensable à la formation et au développement des os.

Le rapport de la Commission médicale confirme cette doctrine et compare le carbonate de chaux aux condiments et surtout au sel de cuisine qui ne deviennent nuisibles que lorsqu'on en met de trop fortes doses. « Une proportion convenable de carbonate « de chaux, ajoute ce rapport, ne remplirait-elle « pas un rôle important dans l'ossification chez les « enfants, et dans la nutrition osseuse chez les « adultes, et ne serait-ce point à son absence dans les « eaux de neige qu'il faudrait attribuer, en grande « partie, le nombre de crétins, de rachitiques, et « de scrofuleux qu'on trouve dans certaines contrées?

C'est encore l'opinion de plusieurs savants dont l'attention a été appelée, sur cette question, par le livre de M. Dupasquier. Suivant M. Chossat, le carbonate de chaux fournit essentiellement l'élément calcaire qui entre dans la composition de nos tissus et qui est surtout nécessaire à l'entretien du système osseux. Cette opinion est justifiée par les expériences faites par ce savant sur divers animaux; expériences qui ont prouvé que les os se ramollissent chez ceux qui ne peuvent se procurer, avec leur nourriture, une certaine quantité de substances calcaires. (1)

(1) *Académie des sciences de Paris*, séance du 21 mars 1842.

M. Chossat adresse un Mémoire sur la formation et le développement des os, qu'il a étudiés, non plus au moyen de la coloration par la garance, comme on le faisait jusqu'ici, mais en soumettant les animaux à l'inanition, et surtout en les privant du carbonate calcaire dont ils ont besoin pour entretenir la composition normale de leur squelette. Il s'est assuré que des pigeons nourris avec du blé choisi grain à grain, et parfaitement purgé de tous les petits fragments pierreux

On conçoit dès-lors qu'une eau contenant une proportion convenable de carbonate de chaux sera utile surtout dans une grande ville où la constitution lymphatique abonde, ainsi que les goîtres et le rachitisme qui en sont la conséquence.

Les médecins anciens avaient été conduits par l'observation seule, à reconnaître, ce qui a été démontré, dans ces derniers temps, par les expériences directes de M. Chossat, savoir : l'utilité des sels calcaires dans les constitutions scrofuleuses, puisqu'ils prescrivaient alors les yeux d'écrevisse, les écailles d'huître et autres substances analogues, qui sont, comme celles-ci, presque entièrement composées de carbonate de chaux.

Mais quelle est la quantité au-delà de laquelle le carbonate de chaux pourrait devenir nuisible? L'expérience répond à cette question. L'excès commencerait au moment où, indépendamment de l'action du sulfate de chaux, et par suite de l'action seule du carbonate, l'eau cesserait de dissoudre le savon, de cuire facilement les légumes secs, de laver parfaitement le linge, puisque c'est à ces signes que l'on reconnaîtrait que l'eau aurait cessé d'être bonne.

Aux enseignements de la science, les hommes honorables qui composaient la Commission du 28 août, et la Commission médicale, ont voulu joindre ceux de l'observation. Ils ont visité des localités

qui s'y trouvent mêlés, ne tardent pas à subir une altération profonde des os, par suite de la résorption de la partie calcaire. Il conclut de ce phénomène que les os des animaux sont bien réellement soumis à un travail continuel de renouvellement de la matière.

alimentées par des sources pourvues en quantité notable d'acide carbonique et de carbonate de chaux, et ils déclarent, dans les rapports publiés par chacune de ces Commissions, qu'ils ont remarqué que les personnes faisant usage de ces eaux, montraient partout, suivant leur expression, la fraîcheur et la santé, et que ces eaux étaient généralement regardées comme infiniment salutaires. Ces effets paraissent avoir été également observés depuis longtemps. Nous en trouvons la preuve dans le passage suivant emprunté au *Dictionnaire des sciences*. « De bonnes « eaux donnent une couleur fraîche et vermeille à « ceux qui en font usage, et les font jouir d'une santé « robuste. »

Du sulfate de chaux.

Ce sel est une substance nuisible. Il rend les eaux dures, crues, indigestes, pesantes à l'estomac. Les eaux qui en sont saturées ne cuisent pas les légumes secs, lavent mal le linge, décomposent le savon au lieu de le dissoudre. On peut donc dire que plus une eau contient de sulfate de chaux, plus elle est mauvaise. Les eaux qui sont dans ce cas, sont généralement connues sous le nom d'eaux séléniteuses. (Le sulfate de chaux était désigné autrefois sous le nom de sélénite.)

Matières organiques.

L'analyse des eaux ordinaires signale aussi, parfois, des traces plus ou moins considérables de matières organiques en dissolution. La présence de ces matières tend à rendre putrides les eaux qui les contiennent, et donne souvent lieu à des maladies dangereuses et quelquefois épidémiques. Ces matières s'y décèlent en colorant l'eau, et en lui donnant une odeur désagréable et marécageuse. De pareilles eaux ne sauraient être évitées avec trop de soin.

Ainsi, des quatre substances principales en dissolution dans l'eau potable, trois sont utiles; l'oxigène, l'acide carbonique et le carbonate de chaux; une est nuisible, c'est le sulfate de chaux; sans parler des matières organiques qui le sont encore bien davantage.

Usages industriels.

Les substances gazeuzes, que contient l'eau, ne paraissent pas exercer une action sensible sur les opérations de teinture. Il n'en est pas de même des substances salines.

Les teinturiers remarquent tous les jours que les eaux calcaires avivent généralement l'intensité des couleurs, en fonçant les nuances sans altérer leur fraîcheur et leur éclat. Leur opinion est aussi qu'avec ces eaux ils obtiennent une économie notable dans l'emploi de certaines matières tinctoriales. Les expériences faites et rapportées par la Commission médicale confirment ce fait. Aussi les teinturiers font-ils grand cas, pour les nuances claires particulièrement, des eaux calcaires, même de celles qu'ils ne peuvent employer pour le décrusage de la soie. Le noir paraît être la seule couleur pour laquelle les teinturiers ne recherchent pas les eaux de source.

Un de nos plus estimables industriels, M. Conte, qui, par amour pour son art, n'a pas craint de parcourir la Suisse, les provinces Rhénanes, la Prusse, la Saxe et l'Autriche, et de travailler comme simple ouvrier chez les teinturiers étrangers, afin d'y recueillir, au profit de notre industrie, les procédés inconnus ou inusités dans notre ville, nous a assuré qu'il n'existe, à sa connaissance, qu'un seul établissement, situé à Bâle, dans un lieu muni d'une eau très-vive, qui teigne le blanc de manière à pouvoir rivaliser avec Lyon, où cette nuance est teinte avec une perfection due à une eau très-calcaire qui sort de la colline contre laquelle sont adossés les ateliers (quartier Saint-Benoît). Dans tous les autres lieux, à Zurich, sur les bords de la Limat, dans la Prusse Rhénane, à Crévelt, à Eberfelt, de même qu'à Berlin, M. Conte n'a trouvé que des eaux extrêmement douces, semblables à celles de la Saône, avec lesquelles on fait très-bien les noirs de peluche, pour chapeaux d'hommes, mais qui ne peuvent donner des blancs et des couleurs claires semblables aux produits des ateliers Lyonnais pourvus d'eaux de source calcaires.

Un fait à noter à côté de celui qui précède, et qui a été également cité par M. Dupasquier, c'est qu'à Lyon, tous les teinturiers de soie en noir, sans une seule exception, sont établis sur les bords de la Saône; tandis que les teinturiers en couleur se sont approprié le peu de sources qui ne sont pas du domaine public. Tels sont , par exemple , M. Gonin et M. Renard jeune à Saint - Benoit ; les successeurs de M. Bertholon et quelques autres , hors la porte Saint-Clair ; M. Farges à la Boucle ; M. Renard aîné, à la Quarantaine et MM. Guinon et Chabaud qui ont acheté le clos Chinard, à Pierre-Scize, dans lequel sont d'abondantes sources d'eaux vives (1).

Ajoutons seulement que l'expérience a démontré qu'une quantité de sulfate de chaux qui suffirait pour rendre l'eau impropre au lavage et aux usages domestiques, ne l'empêcherait pas d'être fort propre à la teinture du blanc et de certaines nuances claires ; ce qui a été établi à Lyon , par l'emploi, fait avec succès, d'eaux qui se trouvent dans ce cas.

Quant aux eaux destinées à la voie publique , il est sans doute superflu de dire que leur composition chimique est complètement indifférente.

Après vous avoir ainsi signalé, Monsieur le Préfet, les avantages des eaux calcaires, il convient de vous entretenir d'une objection qui a été faite contre l'emploi de ces eaux, auxquelles on a attribué la formation de tubercules ferrugineux, et d'incrustations calcaires propres à occasioner l'obstruction des tuyaux.

---

(1) M. Renard aîné vient de transporter ses ateliers dans le clos de la Chana, dont il a fait l'acquisition, et où fluent des eaux de source.

Le projet de MM Guinon et Chabaud paraît n'avoir pas été mis à exécution, par suite de la séparation de ces deux chefs d'établissement.

Des tubercules ferrugineux.

Quelques personnes ont pensé que c'était aux eaux calcaires que devait être attribuée la formation des tubercules ferrugineux qui ont été quelquefois remarqués dans certains tuyaux de conduite et de distribution.

C'est une erreur : ces tubercules, qui ne se produisent que dans les tuyaux de fonte, ne sont pas dus à la présence du carbonate de chaux, qui semble être, au contraire, un obstacle à leur formation, puisque ces tubercules ne se sont rencontrés, jusqu'à présent, que dans des conduites d'eaux contenant peu de sels calcaires, comme celles de Saint-Etienne, Saint-Chamond, Clermont, Grenoble, etc. Il a été reconnu par une Commission de l'Académie Royale des sciences de Paris, ensuite d'expériences réitérées faites par MM. Payen et Becquerel, que ces productions tuberculeuses sont tout simplement le résultat de l'oxidation de la fonte des tuyaux, produite sous l'influence de courants électriques qui s'y développent à l'aide de substances étrangères.

Il est facile au reste d'échapper à ce danger, soit en couvrant les tuyaux de fonte d'un enduit de chaux hydraulique de la composition de MM. Gueymard et Vical; composition dont l'expérience a parfaitement démontré l'efficacité ; soit en employant des tuyaux de verre comme ceux dont on se propose, dit-on, de se servir pour la conduite du gaz destiné à l'éclairage.

Des incrustations calcaires.

Ces incrustations sont ordinairement dues aux dépôts de carbonate de chaux, mais comme ces dépôts sont occasionnés par le dégagement de l'acide carbonique qui tient le carbonate en dissolution, il suffit, pour empêcher le dépôt du carbonate, d'empêcher le dégagement de l'acide carbonique, ce qu'il importe dans tous les cas de faire, ne fût-ce que pour conserver à l'eau, deux de ses principes les plus salutaires.

Or, le moyen qui semble le plus simple et le plus naturel, à cet effet, c'est de laisser, autant que possible, ces eaux dans les conditions où elles se trouvent; et s'il s'agit, par exemple, d'eaux de source, de prolonger leur cours souterrain jusqu'aux lieux de distribution; car il est bien évident alors que si les causes ne sont pas changées, les effets seront les mêmes. En ce cas, le point d'émergence de la source sera tout simplement rapproché de la ville, et cette source sera dès-lors à son arrivée, ce qu'elle est à son départ. Il est reconnu que le dégagement de l'acide carbonique est provoqué par la division, par la chute, par le brisement, au contact de l'air extérieur, des eaux qui le contiennent. Que ces circonstances soient évitées, ce qui est facile, ce qui est indispensable même pour que l'eau ne perde pas sa température initiale, et on aura obtenu le double résultat qu'on doit se proposer, savoir : de conserver à l'eau des substances utiles, et d'empêcher le dépôt et l'obstruction qu'on redoute pour les tuyaux.

Les faits qui, en matière si délicate, sont toujours beaucoup plus puissants que les théories et les raisonnements, viennent confirmer l'opinion qui précède,

Il résulte des renseignements recueillis par la Commission et confirmés par une lettre d'un ancien voyer de la ville de Lyon, chargé du service des fontaines, que les eaux qui fluent sur le versant oriental de la Croix-Rousse, lesquelles sont notablement chargées de matières salines, n'ont laissé aucune incrustation sensible dans les tuyaux de fonte qui les amènent dans la ville, tuyaux que cet agent déclare n'avoir eu, *dans l'espace de vingt cinq ans*, ni à faire changer, ni à faire nettoyer.

Suivant M. Gueymard, les eaux qui contiennent moins de 25 centigrammes par litre, de sels anhydres, ne seraient pas incrustantes. Cette opinion a été confirmée par une Commission nommée par l'Académie des sciences (Institut de France), sur la demande qui lui avait été adressée par l'administration municipale de la ville de Bordeaux.

Les auteurs qui ne vont pas si loin, s'accordent néanmoins à considérer les incrustations que peuvent occasionner de pareilles eaux, comme fort minimes. C'est l'opinion de la Commission du 28 août, qui, en parlant des eaux de source de la rive gauche de la Saône, exprime la pensée : « qu'il ne convient « pas d'attacher trop d'importance à ces incrusta- « tions ; car on ne peut s'empêcher, dit-elle, de « reconnaître que cet effet, s'il se produit, sera très- « faible et très-lent. »

M. Dupasquier se livre, à ce sujet, dans son ouvrage, à des raisonnements précis, complets et concluants. Nous regrettons que la longueur de cette discussion ne nous permette pas de les mettre sous vos yeux, car ils sont de nature à dissiper, il faut le dire, toutes les inquiétudes qu'aurait pu faire naître l'objection que nous venons d'examiner. Cet auteur cite plusieurs faits rassurants, et notamment ce qui s'est passé à Montpellier, où un service d'eaux de source a pu se faire, pendant près de 80 années, sans occasioner d'autres inconvénients que le nettoiement, après un laps de temps assez long, de quelques tuyaux de poterie, sur les points où l'eau, qui n'emplissait pas complétement ces tuyaux, se trouvait ainsi en contact avec l'air, et, subissant des chocs plus ou moins violents, avait provoqué le dégagement d'une partie de son acide carbonique, et par suite, le dépôt aussi du carbonate tenu en dissolution par cet acide; dépôt qu'on aurait probablement pu éviter, en très-grande partie au moins, si on n'eût employé sur ces points, que des tuyaux unis et sans rugosités comme le seraient, par exemple, les tuyaux de verre dont nous avons parlé.

Ces inconvénients qui ne touchent en rien, ce qui est l'essentiel, ni à la bonté de l'eau, ni à la santé publique, et qui donneraient tout au plus lieu à quelques dépenses presque séculaires et peu importantes, n'ont donc rien dont l'administration ait à se préoccuper sérieusement.

CONCLUSION.

—

Pour tous ces motifs, la Commission est d'avis, sur la deuxième question :

Que la quantité d'eau nécessaire pour la fourniture quotidienne, doit être portée à 9,000 mètres cubes;

Que, bien que le mode de distribution à domicile soit beaucoup plus avantageux que le mode de distribution par fontaines publiques, il est convenable que ce dernier mode soit maintenu concurremment avec le premier, jusqu'à ce que l'expérience aidée des efforts de l'administration, ait éclairé la population sur ses inconvénients; ce qui ne saurait tarder d'arriver;

Que les eaux qui seront adoptées pour le service public, doivent présenter les qualités suivantes :

Une température uniforme et dont le *maximum* serait fixé à 15 degrés centigrades au dessus de zéro, au sortir des fontaines de distribution ;

Une limpidité parfaite et soutenue;

Une bonne composition chimique; c'est-à-dire qu'il convient que ces eaux contiennent la plus grande quantité possible d'oxigène et d'acide carbonique; peu ou point de sulfate de chaux, ni de matières organiques; et une certaine quantité de carbonate de chaux (1).

(1) L'eau de St-Clément, distribuée à Montpellier depuis environ 80 ans, et qui a été reconnue comme excellente sous le rapport hygiénique, ainsi que cela résulte du témoignage de la Faculté de mé-

La Commission ajoute qu'une eau dans ces conditions, se reconnaît aux caractères et signes suivants :

Elle fait éprouver, lorsqu'on la boit, une sensation
de fraîcheur l'été et de chaleur l'hiver ;

Elle est transparente, incolore et inodore ;

Elle présente une saveur très-légèrement acidulée ;

Elle exerce sur les organes de l'estomac une action
stimulante et digestive ;

Elle dissout le savon, sans le décomposer, lave
parfaitement le linge, et cuit aisément les légumes secs.

La qualité de l'eau cependant, quelle que soit son
importance, n'est pas tout. Les questions de dépense,
de durée, de réparations, de chômage, d'interruption du service, devront aussi être prises en grande
considération. Mais ces questions ne pouvaient,
comme les précédentes, être examinées et résolues *à
priori*, et d'une manière absolue, parce qu'elles sont,
de leur nature, secondaires et subordonnées à la valeur
et à la bonté relatives de chacune des eaux entre lesquelles Lyon peut choisir. Cet examen trouvera sa
place dans le chapitre suivant.

Les principes ont été posés, il nous reste à en
faire l'application, et à passer de la théorie aux faits.

decine de cette ville, confirmé par une expérience bientôt séculaire,
contient de 21 à 22 centigrammes de carbonate de chaux par litre.
Une observation d'aussi longue durée a acquis un degré d'authenticité
qui lui permet de prendre place dans les faits qui servent de règle à
la science, et de base à ses calculs.

Troisième Question.

DE TOUTES LES EAUX QUI SONT A LA DISPOSITION DE LA VILLE DE LYON, QUELLES SONT CELLES QUI RÉUNISSENT, A UN PLUS HAUT DEGRÉ, LES QUALITÉS QUI VIENNENT D'ÊTRE SIGNALÉES COMME INDISPENSABLES ; ET, PAR SUITE, QUELLES SONT CELLES QUI DOIVENT ÊTRE EMPLOYÉES DE PRÉFÉRENCE ?

L'administration de la ville de Lyon n'a réellement hésité jusqu'à ce jour, ainsi que le dit le Rapport au Conseil municipal du 10 décembre, qu'entre deux projets, dont l'un consiste à élever, au moyen de pompes à feu, les eaux du Rhône ; l'autre à amener à Lyon, par un canal souterrain, des eaux de source de la rive gauche de la Saône.

Le Conseil municipal a écarté tous les autres projets tendant à dériver le Rhône, l'Ain ou la Sereine, comme « incompatibles, dit le même Rapport, avec « les idées nouvelles sur l'économie sociale ; » et il aurait pu ajouter comme étant d'une exécution à peu près impossible, soit à raison des dépenses que ces entreprises exigeraient, soit surtout à cause des difficultés géologiques que leur exécution ne saurait manquer de rencontrer.

Quant aux eaux de la Saône, le Conseil municipal a également pensé qu'elles devaient être écartées.

« Cette rivière, dit l'honorable rapporteur de la Commission dont nous avons parlé, coule lentement, et lorsqu'elle s'élève à la suite des pluies, elle s'étend sur des terrains marécageux, sur des prairies où fourmillent des insectes ; pénètre dans les égoûts des villes nombreuses qui ornent ses rives ; se charge alors de substances en putréfaction, s'imprègne des produits gazeux de leur décomposition et devient malsaine ; sans parler encore de la masse de chanvre que l'on y met rouir en automne, et qui ne contribue pas peu à altérer l'eau de cette rivière. »

« Il est des eaux, ajoute avec beaucoup de sagesse et de vérité le même rapport, qui ne renferment que des quantités inappréciables de principes nuisibles, principes dont la présence ne pourrait être démontrée d'une manière irrécusable par l'analyse chimique, et qui cependant, à la longue, amènent peu à peu la débilitation des forces digestives, la décoloration des tissus rouges, et les engorgements des viscères abdominaux.

« Si donc il est difficile, dans quelques circonstances, de prouver que certaines eaux tiennent en dissolution des substances qui peuvent nuire à la santé, il est du devoir d'une administration prudente, lorsqu'elle peut choisir entre diverses espèces, de donner la préférence *à celles sur la pureté desquelles il ne peut s'élever aucun doute.* Nous conclurons de là, ajoute M. le Rapporteur, que l'eau de la Saône doit être exclue. »

La Commission d'enquête ne saurait mieux faire que de donner toute son approbation à de pareilles doctrines. Elle ajoutera que, quand bien même tous les motifs qui précèdent n'existeraient pas, il serait encore impossible de mettre à contribution les eaux de la Saône pour le service de Lyon, à défaut d'emplacements sur ses rives, propres à l'établissement des moyens indispensables de filtration dont nous aurons bientôt à nous occuper.

Restent donc, comme nous l'avons dit en commençant, les eaux du Rhône, et les eaux de source.

§ 1.

Des Eaux du Rhône.

Le Rhône, vous le savez, Monsieur le Préfet, est tour à tour trouble ou limpide, torrentueux ou calme ; ses eaux s'élèvent avec rapidité et s'écoulent de même. Là où la crue du jour avait amené plusieurs mètres d'eau, l'étiage du lendemain montre le gravier à nu, et réclame le secours de la drague, *véritable cantonnière* (1) de ces routes humides.

---

(1) Cette juste et pittoresque expression appartient à l'un de nos honorables magistrats qui l'adressait à M. le ministre des travaux publics, en sollicitant près de lui, avec plus de zèle que de succès, les améliorations que réclame cette magnifique voie de communication, ce grand *chemin d'eau*, que notre engouement pour les *chemins de fer* fait trop oublier peut-être, et dont le perfectionnement cependant se lie de si près, à la prospérité des contrées méridionales, et spécialement de notre ville.

Et tout cela se conçoit, car le Rhône, à vrai dire, ainsi du reste que cela arrive pour la plupart des fleuves, n'a pas des eaux à lui, des eaux qui lui soient propres ; c'est un lit, un canal, dans lequel coulent successivement, au-dessus de Lyon, les glaces et les neiges fondues des Alpes, épurées et bleuies dans leur traversée du lac ; puis l'Arve, puis la Valserine, le Suran et une foule de torrents semblables ; puis enfin la rivière d'Ain. Il s'en suit que le Rhône, au point de vue de la science, et envisagé sous le rapport de sa composition, n'est plus qu'un mot qui ne répond point à une idée fixe et unique. Il ne faut donc pas dire : les eaux du Rhône sont bonnes, mauvaises, claires, troubles ; elles contiennent telle ou telle partie de sels et de gaz en dissolution ; car ce qui, pour ces eaux, serait vérité aujourd'hui, ne le serait plus demain ; car toutes ces conditions, toutes ces qualités, tous ces inconvénients, tous ces avantages se modifient à chaque instant, dans chaque saison, suivant les sécheresses ou les crues ; suivant les conditions diverses dans lesquelles peuvent se rencontrer les principales sources des eaux du Rhône ; de sorte que, *dans son état naturel*, ce fleuve ne saurait fournir un service uniforme, parce qu'il manque essentiellement lui-même d'uniformité.

Essayons néanmoins d'envisager ses eaux sous le triple rapport des trois qualités indispensables : la température, la limpidité et la composition.

I.

TEMPÉRATURE.

Est-il nécessaire de dire que la température des eaux du Rhône manque complétement de l'uniformité qu'une bonne eau potable doit conserver? Cette température, qui suit celle de l'atmosphère, varie de 0 à 25°, et rend les eaux du Rhône, chaudes l'été, presque glacées l'hiver. Ce fait est un de ceux qu'il suffit d'énoncer, puisque chacun est en mesure d'en vérifier l'exactitude.

II.

LIMPIDITÉ.

Ce que nous venons de dire de l'instabilité habituelle du Rhône, indique suffisamment que ses eaux sont souvent troubles, boueuses et chargées de matières organiques de toutes sortes; surtout dans les crues, après les orages, et pendant presque tout le temps de la fonte des neiges.

Ce manque de limpidité pendant une grande partie de l'année n'est pas moins notoire que l'inégalité de la température dont nous venons de parler, et n'a pas besoin d'être prouvé, puisqu'il se voit.

III.

COMPOSITION.

Cette composition varie avec les saisons, avec les accidents météorologiques et autres qui augmentent ou diminuent le volume des eaux du Rhône.

En hiver, alors que les neiges alpines ne fondent pas, le Rhône, ne recevant presque rien de l'Arve, qui ne s'alimente que du produit de la fonte des neiges et des glaciers de la vallée de Chamouny et des chaînes du Mont-Blanc ; très-peu du lac Léman, qui ne laisse plus échapper qu'une légère quantité de ses eaux ; le Rhône, disons-nous, se compose en grande partie alors des rivières et des ruisseaux du Jura, du Bugey et de la Bresse, qui lui arrivent soit directement, soit par la rivière d'Ain. A cette époque les eaux du Rhône sont ordinairement limpides, et contiennent une proportion satisfaisante d'acide carbonique et de carbonate de chaux, parce que les rivières et ruisseaux qui les lui fournissent, proviennent eux-mêmes de sources qui coulent généralement dans des terrains calcaires, et certainement alors, ces eaux, si ce n'était leur température glaciale et les impuretés que viennent y mêler les égoûts de nos villes, mériteraient d'être placées au premier rang des bonnes eaux potables.

Mais quand arrivent les chaleurs, les sources tributaires du Rhône diminuent fortement, quelques-unes même tarissent. En échange, les neiges des Alpes fondent, et les eaux qui en proviennent se précipitent par torrents dans l'Arve, et de là dans le Rhône, chargées d'un limon grisâtre comme les schistes sur lesquels elles coulent. C'est ce qui explique pourquoi les eaux du Rhône, provenant de la sorte presque uniquement des eaux de neige, contiennent beaucoup moins d'acide carbonique et de carbonate de chaux.

Ainsi les substances qui contribuent le plus à rendre l'eau tonique et digestive, diminuent précisément à l'époque où, par l'effet des grandes chaleurs et des transpirations énervantes qui en sont la suite, l'estomac a le plus besoin de principes stimulants; circonstance d'autant plus fàcheuse qu'il n'existe aucun moyen de remédier à ce défaut d'uniformité de composition.

Il convient, en outre, de remarquer que le Rhône entraîne avec lui, ainsi du reste que toutes les grandes rivières, de nombreux détritus de végétaux, des quantités infinies de matières organiques et d'animaux microscopiques, des cadavres, des immondices de toute sorte, et enfin tout ce que lui amènent d'impur et de putréfié, les villes et villages qu'il traverse. Il est même à remarquer que les motifs que le Rapport au Conseil municipal a fait valoir contre la Saône, et que nous venons de rappeler, valent presque tous, au même degré, contre le Rhône.

Or, il est difficile de penser que ces matières putrides et immondes soient sans influence sur la nature des eaux dans lesquelles elles sont étendues, quelqu'imperceptible que paraisse la quantité de ces matières, comparées au milieu dans lequel elles se trouvent. Car, s'il est vrai qu'il existe des effets dont nous n'avons pu découvrir les causes; si l'on croit à la peste, bien que les effluves pestilentiels échappent à tous les sens, à tous les procédés de la science; si beaucoup croient à la puissance des millionièmes homéopathiques, bien que la raison semble les condamner, ne peut-on pas croire aussi à l'influence pernicieuse de ces matières morbifiques et putréfiées, bien qu'infusées dans une quantité d'eau qui les réduit à des doses homéopathiques (1).

Ces observations ont été confirmées par les analyses faites sur les eaux du Rhône à diverses époques de l'année, et dont nous plaçons ici, Monsieur le Préfet, le tableau sous vos yeux.

Quantité trouvée dans un litre d'eau du Rhône prise à Lyon (2).

		Analyse faite en hiver, par M. Dupasquier.	Analyse faite en été, par M. Boussingault.
Gaz	Oxigène	0 centili. 666	0 centili. 653
	Azote.	1 — 240	1 — 153
	Acide carbonique . .	1 — 820	0 — 653
Sels	Carbonate de chaux.	0 gram. 150	0 gram. 100
	Sulfate de chaux. . .	0 — 019	0 — 007

Ce tableau contient, vous le voyez, Monsieur le Préfet, la preuve de ce qui a été dit des variations de l'eau du Rhône, sous le rapport de sa composition chimique, composition qui, de l'hiver à l'été, diffère,

(1) C'est aussi l'opinion de l'honorable Rapporteur du Conseil municipal. « Il est des eaux, dit-il, qui ne renferment que des quantités « inappréciables de principes nuisibles, dont la présence ne pourrait « être démontrée d'une manière irrécusable par l'analyse chimique, « et qui cependant n'en sont pas moins funestes à la santé. »

M. de Jussieu, dans un Mémoire publié, en 1733, par l'Académie royale des sciences, rapporte que l'hippuris et plusieurs autres plantes du genre des conferves, s'étant extrêmement multipliées dans le lit de la Seine, en 1731, année qui fut très-sèche, il régna à Paris des maladies qui provenaient évidemment de la qualité que ces plantes avaient communiquées à l'eau.

(2) Ce tableau ne comprend pas les sels qui se trouvent dans l'eau ordinaire en quantité trop faible pour y exercer une influence appréciable.

quant à l'acide carbonique, de 1,82 à 0,65 ; c'est-à-
dire dans la proportion de 3 à 1 ; et pour le carbonate de chaux, de 15 à 10 ; c'est-à-dire dans la proportion de 3 à 2. C'est ce qui a fait dire à la Commission médicale, que « l'eau du Rhône, très-bonne
« pendant un tiers de l'année, cessait de l'être pen-
« dant les deux autres tiers, par la perte de sa fraî-
« cheur et de sa limpidité, coïncidant avec la dimi-
« nution de son carbonate de chaux et de son acide
« carbonique. »

Après avoir reconnu, par les analyses précédentes,
le changement semestriel de la composition chimique de l'eau du Rhône, il était intéressant de savoir
si cette variation périodique avait été remarquée sur
un point supérieur du cours du fleuve. Elle a été, en
effet, constatée par les analyses faites en 1808, à
Genève, par M. Tingry, sur 50 livres d'eau recueillie
au débouché de l'Arve ; analyses dont nous consignons ici les résultats (1).

			Analyse faite en hiver (le 28 février).	Analyse faite en été (le 5 août)
Gaz	Acide carbonique		0 centil. 000	0 centil. 000
	Oxigène Azote } ou air oxigéné.		2 — 680	1 — 880
Sels	Carbonate de chaux		0 gram. 094	0 gram. 059
	Sulfate de chaux		0 — 074	0 — 035

(1) Ce tableau contient la 25ᵉ partie des produits signalés par les
analyses. Cette partie représentant deux livres de Genève, équivant à
peu près à un litre d'eau.

Les sels qui se trouvent dans l'eau ordinaire, en quantité trop faible
pour y exercer une influence appréciable ne figurent pas dans ce
tableau.

Ainsi, en été, l'eau de l'Arve ne contient que la moitié des sels, et seulement les deux tiers de la quantité
d'air qu'elle renferme en hiver. Et en aucune saison
M. Tingry n'y a trouvé du gaz acide carbonique.

Il résulte également de ces analyses, que l'eau
du Rhône, à Lyon, contient fort peu de sulfate
de chaux ; aussi est-elle très-douce, dissolvant
bien le savon, et cuisant parfaitement les légumes secs ; signes auxquels on reconnait l'absence
ou la presque absence du sulfate de chaux. Mais,
ainsi qu'on a pu le voir, par tout ce qui précède,
cet avantage est loin de pouvoir compenser les autres
qualités de température, de limpidité et de composition qui manquent à l'eau du Rhône.

C'est ici le cas de faire remarquer, avec M. le docteur Dupasquier, tout ce qu'a de fâcheux ce défaut
de constance et d'uniformité dans la composition de
ces eaux, aussi bien sous le rapport hygiénique,
que sous le rapport industriel.

Sous le rapport hygiénique, un changement brus-
que dans la quantité du sulfate de chaux, par
exemple, dit cet auteur, peut exercer de l'influence
sur certains estomacs, habitués depuis quelque
temps à une eau d'une composition différente. Une
diminution considérable de la quantité des gaz, c'est-
à-dire des principaux agents digestifs contenus dans
une eau, peut aussi occasionner de fâcheux résultats ;
on sait quel est l'empire de l'habitude sur nos organes. Cette variabilité mérite surtout d'être considérée, quand il s'agit de la quantité et de la nature
des matières organiques, lesquelles, quoique insen-

sibles aux réactions chimiques, peuvent avoir une action très-marquée sur la santé.

En ce qui touche les emplois industriels ; des changements plus ou moins fréquents dans la nature chimique des eaux, amènent des incertitudes dans l'emploi des drogues dont se servent les teinturiers, et peuvent compromettre le succès de leurs opérations. « L'identité permanente de composition et de température est une qualité bien précieuse pour l'industriel, dit la Commission médicale ; avec une eau qui la possède, il sait d'avance quels sont les résultats qu'il obtiendra, et il n'est pas obligé de recommencer chaque jour de nouveaux tâtonnements. » Quand la composition de l'eau est la même, dans tous les temps, dit à son tour M. Dupasquier, l'industriel qui en fait usage s'habitue à ses effets sur les matières colorantes, et agit en conséquence de ce qu'il sait de leur nature et de ses observations de tous les jours ; mais avec des eaux qui changent brusquement de composition, il arrive nécessairement parfois que les opérations sont manquées, malgré tous les soins possibles, par le seul fait d'une réaction différente de celle qui était attendue.

Mais si l'eau du Rhône ne peut être employée dans son état naturel et ordinaire, ainsi du reste que chacun le reconnaît, ne peut-on pas remédier aux vices et inconvénients qui ont été signalés, par l'emploi de filtres naturels ou artificiels, ou par tout autre moyen que fournirait l'art ou la science? C'est là une très-grave question, que nous allons approfondir avec toute l'attention qu'elle mérite.

IV.

CLARIFICATION DE L'EAU.

On s'est beaucoup occupé des moyens à employer pour clarifier l'eau; ceux connus jusqu'à ce jour sont au nombre de quatre :

Le repos, l'alunage, le filtrage artificiel et le filtrage naturel (1).

Nous allons jeter un coup d'œil sur chacun de ces moyens, et sur les applications plus ou moins heureuses qui en ont été faites jusqu'à ce jour.

De la clarification de l'eau par le repos.

La clarification par le repos ne peut être mise en pratique pour un service considérable, à raison du temps indispensable à cet effet. Les expériences faites à Paris, sur l'eau de la Seine; à Lyon, sur celles du Rhône; à Bordeaux, sur celles de la Gironde, ont prouvé qu'il ne fallait pas moins de huit à dix jours de repos complet pour rendre à l'eau,

(1) On a prétendu que les Egyptiens purifiaient l'eau trouble du Nil et la clarifiaient en frottant avec du marc d'amandes amères, les jarres où ils la déposaient. Shaw dit, qu'en Barbarie, on produit le même effet avec le bois de laurier rose.

Dans une séance tenue le 18 février 1839, par l'Académie des sciences de Paris, M. Costaz a rappelé que ce procédé était indiqué dans plusieurs ouvrages; qu'il l'avait vu employer avec succès pour les eaux du Nil, mais qu'il l'avait employé en vain pour les eaux de la Seine.

sa pureté primitive, ce qui nécessiterait l'établissement d'un nombre égal de bassins pouvant contenir chacun l'approvisionnement d'une journée. Et comme le bassin du jardin botanique de Lyon, par exemple, ne contient qu'environ 1,300 mètres cubes, soit le septième de l'approvisionnement d'un jour, fixé à 9,000 mètres, il s'en suit que ce mode de clarification exigerait l'établissement de 70 bassins pareils! ou mieux, de dix bassins, dont chacun serait sept fois plus grand. Aussi jamais personne n'a-t-il songé à un pareil moyen ; d'autant plus que, pendant cette longue stagnation, l'eau ainsi déposée contracterait, en été surtout, un mauvais goût, par suite de la putréfaction des insectes qui y tomberaient, et de la décomposition des plantes et autres détritus qui y seraient jetés par le vent ou autrement, ainsi, du reste, que cela est arrivé dans plusieurs villes d'Angleterre, et notamment à Londres, dans les bassins de la compagnie de Chelsea (1).

De la clarification de l'eau par l'alun.

Ce moyen a été reconnu impraticable soit à raison de la dépense qu'il entraine, soit surtout parce qu'il altère la pureté chimique de l'eau, et peut devenir, dans certains cas, un véritable poison. M. Arago a

---

(1) Les aqueducs qui amenaient à Rome les eaux souvent troubles de l'Anio, étaient munis de distance en distance, de puits et piscines de repos et de purification; mais tout fait croire que ce moyen était tout-à-fait insuffisant, car Frontin lui-même se plaint souvent de l'impureté de ces eaux.

de plus remarqué que son effet ordinaire ne se produisait pas indistinctement sur les limons de toutes les rivières, et que, pour la Seine, par exemple, la clarification par l'alun n'était pas toujours complète.

Du filtrage artificiel.

Appareils filtrants.

Deux systèmes de filtrage artificiel ont été tentés. Le premier, qui opère au moyen de certains appareils auxquels on a donné le nom de leurs inventeurs; c'est celui dont nous allons parler. Le second qui est connu sous le nom de *bassins filtrants*; nous l'examinerons à son tour.

Les appareils filtrants qui se disputent la préférence sont aussi au nombre de deux : l'appareil Souchon, et l'appareil Fonvielle, lequel n'est lui-même qu'une imitation ou, si l'on veut, un perfectionnement du système de filtrage imaginé par M. Thom, et dont ce célèbre ingénieur anglais a fait usage avec succès à Greenok.

Le système Fonvielle et le système Souchon emploient comme épurateurs ; l'un, des éponges qui reçoivent et conservent les impuretés de l'eau qui les traverse ; l'autre, de la laine tontisse, c'est-à-dire une matière putrescible et surchargée des ingrédients employés pour la teindre.

Ces procédés qui fonctionnent au moyen de machines et appareils plus ou moins dispendieux, sont l'un et l'autre sujets à de fréquents dérangements propres à amener de fâcheuses interruptions dans le service.

Un inconvénient non moins grave de ce filtrage, c'est de transporter sur le point de départ du service, dans les jours de crue, d'orages, ou de fonte des neiges, une partie considérable de limon boueux, lequel, pour une quantité de 9,000 mètres cubes d'eau, ne serait pas moindre de 45 mètres cubes par jour environ (1). Mais ce qui est beaucoup plus grave encore, c'est la dépense. L'administration municipale de Paris paie à la compagnie Fonvielle dix-sept centimes le mètre cube, l'eau filtrée par son procédé (2). M. Souchon offre de faire le même service à 8 centimes le mètre cube. Ainsi le filtrage de 9,000 mètres cubes d'eau, nécessaires à la population lyonnaise, coûterait, d'après le procédé Fonvielle, 1530 fr. par jour, soit 558,450 fr. par année; et d'après le système Souchon, 720 f. par jour, soit 262,800 f. par année! Car, on ne pourra pas, sous peine d'établir doubles bassins, doubles canaux, doubles conduites, c'est-à-dire de faire double dépen-

---

(1) Il résulte des renseignements produits par la Société Fonvielle elle-même, et reproduits par M. Dupasquier, que la quantité de limon fournie par 12 à 1,300 hectolitres filtrés à l'Hôtel-Dieu de Paris, a donné un résidu de limon de 25 à 30,000 pouces cubes, soit environ 1/2 pour 0/0.

Nous ne pensons pas que l'eau du Rhône soit moins chargée de matières étrangères que l'eau de la Seine ; mais qu'on réduise la quantité autant qu'on le voudra, il n'en restera pas moins constant que ces dépôts sont un inconvénient capital attaché à ce système de filtration.

(2) Aux couches ou matières filtrantes de l'appareil Fonvielle, l'Administration a voulu qu'il fut ajouté une certaine quantité de charbon dont l'emploi lui a paru indispensable.

se, séparer l'eau à employer au lavage des rues, de celle destinée aux usages domestiques et industriels.

Ainsi l'opération seule du filtrage des eaux du Rhône, coûterait beaucoup plus que l'eau de source rendue à domicile !!

Enfin il convient de faire remarquer que si le filtrage artificiel peut rendre à l'eau sa limpidité naturelle, il ne peut lui communiquer la plus indispensable de ses qualités hygiéniques, savoir : l'uniformité de température; température dont il augmente encore les inégalités, le système Fonvielle surtout.

Des bassins filtrants.

Les bassins filtrants sont tout simplement d'immenses réservoirs au fond desquels a été disposée une certaine masse de sables et de graviers, destinée à retenir les particules terreuses et autres suspendues dans l'eau, lesquelles se trouvent arrêtées à leur passage, non par suite d'une action épuratoire qui serait propre au gravier, mais uniquement parce que les dimensions de ces particules sont plus fortes que les tuyaux sinueux formés par le sable, et au travers desquels a lieu l'infiltration.

L'une des huit grandes compagnies qui sont en possession de fournir l'eau nécessaire à la ville de Londres, celle de *Chelsea*, a employé ce système. Son appareil filtrant se compose de trois vastes bassins communiquant entre eux. Dans les deux premiers, se déposent les matières les plus grossières; dans le troisième, l'eau traverse une couche de sable et de gravier, de six pieds anglais. Lorsque le filtrage est opéré, des ouvriers armés de rateaux enlèvent la couche superficielle que le sédiment a fortement salie, et la remplacent par du nouveau sable. Mais il arrivera nécessairement un jour où cette masse filtrante, successivement engorgée dans toute son épaisseur, devra être renouvelée; ce qui rendra l'établissement d'un quatrième bassin indispensable, si on ne veut pas suspendre le service.

Un système moins compliqué avait été établi à Manchester; il se composait uniquement d'un grand réservoir de dépôt où l'on amenait les eaux de la rivière de Meldock dont le lit avait été barré, à deux kilomètres environ de la ville. Mais ce système ayant complétement échoué, et l'eau étant restée presque aussi impure qu'auparavant, on l'abandonna, pour aller recueillir à Gorton, à six kilomètres environ, toutes les eaux de source et d'infiltration qu'on put se procurer.

A Glasgow, trois tentatives successives à peu près semblables à celles effectuées par la compagnie de Chelsea furent faites sur l'eau de la Clyde; mais les compagnies qui les tentèrent furent obligées d'y renoncer après des pertes considérables. Les difficultés rencontrées pour le nettoiement des filtres, paraissent avoir été les causes principales des insuccès auxquels ces compagnies ont dû leur ruine. Quoi qu'il en soit, après avoir essayé tous les moyens, Glasgow a dû renoncer aux bassins filtrants, et recourir aux galeries longitudinales établies souterrainement au bord de la Clyde, causes de nouvelles déceptions, ainsi que nous le verrons plus tard.

Tous ces faits, d'accord avec la théorie et les observations de la science, ont fait abandonner ce moyen de filtrage depuis longtemps condamné par l'expérience.

Du filtrage naturel.

Des puisards.

Nous n'aurons que peu de mots à dire de ce mode de clarification.

Lorsque les puisards sont trop rapprochés de la rivière qui les alimente, l'eau qu'ils fournissent manque de la limpidité et de l'égalité de température convenables, et conserve une partie de sa saveur fade et terreuse.

Quelques puits placés à une distance fort rapprochée du Rhône, donnent, il est vrai, de l'eau qui parait être de nature à faire, en général, un service satisfaisant, sous le rapport de la température et de la limpidité; mais il convient de remarquer que ces puits ne fournissant qu'une quantité très-limitée d'eau, ne peuvent être mis en comparaison avec un puisard qui en donnerait une quantité très-considérable.

Dans les premiers, l'eau arrive avec lenteur, et emploie à parcourir l'espace qui la sépare du puits, un temps fort long qui lui permet de se clarifier et de se rafraîchir. L'eau, au contraire, qui arriverait dans un puisard propre à fournir 9,000 mètres cubes par 24 heures sans interruption, séjournerait à peine quelques minutes sous terre. En effet, cette quantité équivalant à un cours d'eau d'un mètre de largeur sur 0^{m}35 de hauteur, courant avec une vitesse de 0^{m}30 par seconde; il s'en suit qu'en supposant au filtre, une épaisseur de 18 mètres, ce trajet se ferait en 60 secondes ou une minute, temps qu'il convient de multiplier par le nombre de mètres qui serait donné à la surface *absorbante* du puisard; et qui serait ainsi de dix minutes si cette surface est de dix mètres, de quinze minutes si elle est de quinze mètres. Or, est-il raisonnable d'espérer que, pendant un temps aussi court, l'eau pût acquérir la moindre fraîcheur? Le pourrait-elle, en supposant même ce temps deux fois, trois fois, dix fois plus considérable?

L'expérience, au surplus, a prononcé, et encore ici elle s'accorde avec la science. Témoins les onze puisards creusés dans un banc de gravier de la Garonne, à Toulouse, à la distance de dix mètres de la rivière, lesquels donnent de l'eau dont la température subit, au dire de M. d'Aubuisson, une variation de 19 degrés centigrades de l'hiver à l'été. (De 2° à 21°.)

Si, au contraire, les puisards sont éloignés de la rivière, ils ne recueillent l'eau qu'avec une grande lenteur et en quantité insuffisante. En prenant pour base la quantité d'eau fournie par les onze puisards de Toulouse, il n'en faudrait pas moins de 70 pareils pour faire face au service de Lyon; et plus

du double, si on les éloignait assez de la rivière,
pour avoir de l'eau mieux filtrée et mieux équilibrée
sous le rapport, de la température, que cela n'est
arrivé à Toulouse.

Des galeries filtrantes.

Ce moyen qui est, à coup sûr, celui dont on a
obtenu les meilleurs résultats, est cependant loin
d'être exempt des chances auxquelles sont soumis
toutes les entreprises industrielles, tous les calculs
de la science et de la théorie. Mis en pratique à
Toulouse, où nous venons de voir que les puisards
avaient échoué, cette ville paraît avoir eu à s'en
féliciter beaucoup plus que toutes celles de l'Angleterre qui y ont eu recours. Vous verrez bientôt
cependant, Monsieur le Préfet, que là aussi, des
déceptions ont eu lieu, et que cet établissement
laisse encore à désirer, sous plus d'un rapport. Nos
renseignements ont été recueillis à une source qui
ne saurait être suspecte, ils nous ont été fournis par
M. l'ingénieur d'Aubuisson, auquel Toulouse est
redevable de cet établissement, qu'on s'accorde à
considérer comme tout ce qu'il est possible de faire
de mieux en ce genre (1).

C'est ici le cas de remarquer que cette ville
connaissait si bien les chances et les risques d'une pareille entreprise, qu'elle ne s'est décidée à recourir aux

_____

(1) Histoire de l'établissement des fontaines de Toulouse, par
M. d'Aubuisson, ingénieur des mines.

eaux de la Garonne et à ses galeries-filtres qu'après
avoir fait faire, dans son voisinage, d'infructueuses
recherches, pour s'assurer si elle ne trouverait pas
des eaux de source , en suffisante quantité et à une
hauteur convenable.

La Garonne forme, en face de Toulouse même, entre
cette ville et le faubourg St-Cyprien , un banc de
graviers qui semble avoir été placé là tout exprès
pour l'emploi qui en a été fait. Aussi peut-on dire
que c'est à cette circonstance qu'est dû, en très-grande
partie, le succès qui a été obtenu.

La première galerie-filtre de Toulouse a été établie, à
ciel ouvert, dans ce banc d'alluvion, à une distance du
courant qui varie de 40 à 60^m. Cette galerie a d'abord
fourni de la fort bonne eau, mais, dès la deuxième
année, une végétation de plantes aquatiques a commencé à s'y établir et à altérer la qualité de ses produits.
Pour remédier à cet inconvénient, on prit le parti de
couvrir le filtre ; on remplit le fond avec des cailloux,
puis on le combla. Ce filtre ne donnant que 100
pouces d'eau, soit environ 2,000 mètres cubes, on
en établit un second. C'est celui dont nous venons de
parler et qui fut composé d'onze puisards placés plus
près de la rivière, afin d'obtenir une plus grande
quantité d'eau. Cette quantité néanmoins ne fut pas
de plus de 70 pouces environ , soit 1,400 mètres
cubes; l'eau obtenue fut médiocre; elle avait un léger
goût de vase, et comme le filtre était trop près de la
Garonne, l'eau en conserva la température qui
varia de 19 degrés de l'hiver à l'été, ainsi que nous
venons de le dire. Cette température donna lieu, dans

l'intérieur du filtre, à une végétation de plantes aquatiques et chevelues (1).

De plus, les quantités d'eaux fournies d'abord s'étant réduites, en 1828 à 140 pouces ou 2,800, mètres, pour les deux filtres réunis, au lieu de 3,400, on reconnut la nécessité d'en établir un troisième; ce qui donna lieu à la construction d'une seconde galerie, placée à une distance du courant qui varie comme la première, mais de 30 à 50 mètres. L'eau obtenue par ce dernier filtre, dit M. d'Aubuisson, est parfaitement bonne et limpide, tant que la Garonne reste dans son lit; mais, dans les crues, lorsqu'elle couvre les galeries, ses eaux y pénètrent, soit par des fissures inaperçues, soit au travers des terres insuf-

---

(1) Le puisard situé près de la barrière Saint-Clair, à Lyon, quoi-que presque contigu au lit du Rhône, fournit de l'eau d'une limpidité assez satisfaisante, et d'une température présentant avec celle du courant, une différence notable, bien que de beaucoup insuffisante.

Ce fait a quelque chose d'inexplicable, en apparence; on n'en peut trouver la cause que dans la très-petite quantité d'eau qui est extraite de ce puisard, attendu qu'il ne fonctionne que fort rarement et lorsque la machine hydraulique du Rhône vient à s'arrêter. Tout porte à croire que si ce puisard était constamment en activité, l'eau qui s'y rempla-cerait avec beaucoup plus de vitesse n'aurait pas le temps de perdre sa température initiale, ni même de se dégager des parties terreuses tenues en suspension. Le fait cité par M. d'Aubuisson, et fourni par un ensemble de onze puisards donnant de l'eau sans discontinuité depuis plusieurs années, ne doit, ce semble, laisser aucun doute à ce sujet; car il faut bien que les mêmes causes produisent les mêmes effets. — Le puisard Saint-Clair offre une anomalie d'un autre genre : l'eau qu'on en extrait ne présente plus la même pureté chimique que celle recueillie dans le fleuve; elle se sature, pendant son court trajet souterrain, d'une dose de sulfate de chaux telle, qu'elle décompose le savon, et devient dure et crue.

fisamment tassées, et elles en sortent un peu louches, et sont directement envoyées alors dans le canal de fuite, (comme impropres au service).

« En temps ordinaire, le seul reproche à faire à ce filtre, aussi bien qu'au premier, ajoute M. d'Aubuisson, c'est de n'être pas exempt, dans son intérieur, d'une végétation souterraine. Les brins de byssus qui s'en détachent, sont portés par les eaux jusqu'à la cuvette du château-d'eau, où il faut employer des toiles métalliques pour les retenir. »

Ainsi, à Toulouse, c'est à dire là où la filtration naturelle a obtenu le plus de succès, sur trois filtres, un échoue complétement : c'est le *filtre-puisard*, deux réussissent à un degré différent : ce sont *les filtres galeries*; et encore une végétation souterraine se manifeste dans ces derniers; la température n'y est pas toujours également satisfaisante, la quantité diminue, et, dans les crues, l'eau perd un peu de sa limpidité.

Disons maintenant un mot des villes d'Angleterre qui ont eu recours à ce moyen de clarification.

Liverpool a fait creuser des galeries à la profondeur énorme de 45 mètres au dessous du sol; mais il convient d'expliquer que ces galeries sont sans analogie avec celles qui nous occupent, puisqu'elles ne s'alimentent pas d'eau de rivière, mais seulement d'infiltrations souterraines. Ce sont des sources que cette ville a dû aller prendre au dessous d'elle, parce qu'elle n'en avait pas au dessus. Ce ne sont pas des galeries de filtrage, mais des galeries de recherche.

Glasgow qui, comme vous l'avez vu, Monsieur le

Préfet, avait été obligé de renoncer, après de vains et ruineux essais, aux bassins filtrants, a fait creuser au-dessous de la Clyde, et à une certaine distance l'une de l'autre, deux galeries. La première n'a fourni que de la mauvaise eau, non potable ; la seconde, bien que placée à une distance rapprochée, a donné au contraire des résultats satisfaisants. Mais la quantité produite a successivement diminué, de manière à nécessiter de nombreux travaux.

Cette diminution a été attribuée par les ingénieurs à l'engorgement des tuyaux capillaires filtrants, engorgement qui est occasionné lui-même par les sédiments qui viennent se loger entre les particules du sable, et obstruer ce filtre naturel, ce qui, à la longue, doit arriver partout ; car, quoi qu'on fasse, il faut toujours et nécessairement compter sur l'encombrement infaillible des filtres, grands et petits, naturels et artificiels. Et en effet, si la quantité d'eau, par exemple, qui doit alimenter la ville de Lyon, contient 45 mètres cubes de limon, pour chaque jour de grosses eaux (1), il s'en suivra qu'en admettant seulement 60 jours semblables dans l'année, l'apport des matières solides à dégager de l'eau

(1) *Voir la note au bas de la page* 87. — On contesterait les quantités que nous avons fixées à raison des expériences faites sur les eaux de la Seine, que cela ne changerait rien au principe. Ce serait quelques années de plus ou de moins, voilà tout.

Nous ferons remarquer aussi que nous avons négligé de faire figurer, dans notre calcul, les matières que le Rhône tient en suspension pendant les deux tiers de l'année, où, sans être chargé de limon, comme dans les crues, il est néanmoins trouble et charrie, en quantité notable, des matières terreuses et autres.

qui doit être élevée au bassin de distribution, sera de 2,700 mètres cubes par année ! Or, si cette matière n'est plus dans l'eau qui la contenait, il faut bien qu'elle soit dans le filtre qui la lui a prise !

Maintenant supposons à notre galerie filtrante, une longueur de 2,000 mètres; supposons-la à 50 mètres en moyenne de distance du fleuve, nous aurons une superficie filtrante de 100,000 mètres carrés. Or, ce filtre, au bout d'un an, aura, de cette manière, une couche de près de trois centimètres de vase ($0^m 027$); dans dix ans, cette couche sera de 27 centimètres. Cela est mathématique, car si ces 2,700 mètres cubes de vase, que l'eau contenait, en sont sortis, où veut-on qu'ils soient, s'ils ne sont pas dans le filtre ? Il n'y a vraiment pas moyen d'échapper à cette conclusion.

Descartes qui a tant fait de systèmes, et imaginait beaucoup plus qu'il ne raisonnait, en physique; Descartes avait aussi inventé un système pour la formation des sources. Il les attribuait aux eaux de la mer conduites par des canaux souterrains, dans des cavernes creusées sous les bases des montagnes. Suivant lui, le feu souterrain faisait éprouver aux eaux rassemblées dans ces espèces de chaudières, un degré de chaleur capable de les faire monter en vapeurs dans le corps même de la montagne, comme dans le chapiteau d'un alambic. Par cette distillation, l'eau dégagée de ses sels, et convertie en vapeur, devait s'insinuer dans les crevasses des terres et des rochers, puis se condenser et filtrer au travers des couches de terre entr'ouvertes, pour s'échapper en

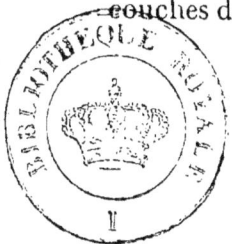

sources sur le sol, après avoir coulé dans son sein plus ou moins longtemps.

Mais alors on demanda à Descartes, ce qu'il faisait du sel déposé par ses eaux de mer, et on lui présenta un calcul établissant qu'en moins d'un siècle, cet amas de sel aurait suffi pour élever des montagnes plus hautes que celles dont il se servait pour sa distillation. D'où il suit que filtres, canaux, chaudières, tout devait être obstrué.

Or le limon des fleuves, c'est le sel de Descartes; il faut bien qu'on dise ce qu'on en fera et comment les masses filtrantes qui devront le recevoir, pourront s'en débarrasser.

De tout ce qui précède, il résulte que le filtrage de l'eau des rivières, par le mode de galeries parallèles au courant de ces rivières, mode qui est incomparablement le meilleur sous tous les rapports, donne lieu, d'une part, à des dépenses considérables; et que, d'autre part, il est sujet, même dans les meilleures conditions, à des inconvénients nombreux et à des chances d'insuccès que la science est toujours impuissante à prévoir d'une manière certaine. Ici un filtre réussit et donne de la bonne eau; quelques centaines de mètres plus loin, l'eau est médiocre et mauvaise, comme cela est arrivé à Glasgow et même à Toulouse. Pour apprécier à l'avance de pareils résultats, il faudrait, pour ainsi dire, mettre à nu les entrailles du sol sous lequel on veut opérer; et encore échouerait-on probablement, car il est impossible à l'œil de l'homme de pénétrer dans le secret intime des causes, arcane sacré où l'œil de Dieu seul habite.

Mais, après avoir examiné les différents modes de filtrage en eux-mêmes, et d'une manière absolue, il convient de les examiner relativement à l'eau du Rhône, et de voir s'ils peuvent être tentés, avec plus ou moins de chances de succès, dans notre localité.

V.

EST-IL POSSIBLE D'ÉTABLIR A LYON DES GALERIES PROPRES A LA FILTRATION DES EAUX DU RHÔNE.

Indiquons d'abord les conditions dans lesquelles doit se trouver une localité destinée à l'établissement d'une galerie filtrante; et nous examinerons ensuite si notre ville possède un emplacement qui remplisse ces conditions.

Ce qui importe avant tout, à cet effet, c'est que la masse filtrante qui doit séparer les galeries, du lit de la rivière, présente une épaisseur et une étendue considérables, une perméabilité suffisante, et une composition géologique irréprochable.

L'épaisseur est nécessaire, afin que l'eau puisse, pendant son trajet qui doit être long et pénible, séjourner assez longtemps sous terre pour que la température qu'elle avait prise dans le courant, puisse se modifier convenablement. L'expérience a fait reconnaître que cette épaisseur devait être de plus de 50 mètres;

L'étendue, parce qu'elle doit être en proportion

des difficultés de la filtration qui ne peut être bonne qu'à la condition d'être difficile, et de la quantité d'eau à fournir. A en juger par ce qui est arrivé à Toulouse, cette étendue devrait être, pour une fourniture de 9,000 mètres cubes, d'environ 2,000 mètres.

La perméabilité est indispensable aussi, mais cette perméabilité doit cependant se combiner avec un certain degré de compacité du sol, car il est bien évident qu'un amas de cailloux, par exemple, serait un canal et non pas un filtre. Il faut, en un mot, que le terrain filtrant soit tel, ainsi que nous l'avons déjà dit, que ses tuyaux capillaires soient plus petits que les particules en suspension dans l'eau et qu'ils doivent arrêter à leur passage.

Enfin, il faut une bonne composition géologique, car on sait avec quelle facilité l'eau s'imprègne des sels qu'elle rencontre sur son passage.

Faisons maintenant l'application de ces principes à notre localité.

La rive droite du Rhône, en amont de la ville, ne présente aucun emplacement assez éloigné du courant pour l'établissement d'une galerie. Après le fleuve le quai, après le quai les maisons, après les maisons la montagne. Il convient de remarquer en outre que les remblais du quai ont été exécutés, en partie, avec des *platras* et des débris de démolitions saturés de sels nuisibles, et notamment de sulfate de chaux, propres à altérer la pureté chimique de l'eau.

« De l'examen de l'eau des pompes, dit la Commission médicale, il résulte que l'eau du Rhône, dans sa filtration naturelle, acquiert des qualités différentes de celles qu'elle a dans le lit du fleuve, en se chargeant, plus ou moins, des substances qu'elle rencontre dans son trajet à travers les graviers, les sables et autres terrains d'alluvion ou de remblai (1). »

Cette eau comparée à celle prise dans le courant, présente généralement une proportion beaucoup plus considérable de sulfate de chaux, au point même de décomposer le savon. Ce fait a été remarqué notamment à la pompe située au centre de la place St-Clair.

Rien de plus bizarre, de plus imprévu que les résultats obtenus sur les eaux fournies par les diverses pompes de la rive droite du Rhône, dans la traversée de Lyon.

« A la pompe Renard, l'eau est bonne, dit la même Commission; deux cent cinquante pas plus loin, à la pompe de l'angle de la rue Buisson, elle est mauvaise. A la pompe du café de la Jeune-France, l'eau est assez bonne; quatre-vingts pas plus loin, à la pompe de la terrasse Tolozan, elle est une des plus mauvaises de la ville. Au n° 11 du quai Saint-Clair, dans la maison Aynard, l'eau est d'assez bonne qualité; dans la maison voisine, au n° 10, elle est tout-à-fait mauvaise. Ainsi, à la possibilité problématique de ne rencontrer que de bonnes eaux, on peut opposer la presque certitude d'en trouver de mauvaises, quelle

---

(1) Ce qui arrive pour le puisard Saint-Clair prouve toute la justesse de cette observation.

que soit la profondeur à laquelle on aille les
chercher. »

Nous n'avons pas besoin de dire que l'eau du
Rhône arrive à ces pompes par le même moyen que
celui employé pour les galeries filtrantes. On se trom-
perait, si on attribuait les anomalies que nous venons
de rapporter, à des infiltrations de fosses d'aisances
et autres, car la Commission n'a parlé de ces différentes eaux que sous le rapport des sels qu'elles contiennent, et non pas sous celui des matières organiques qui auraient pu y être introduites.

Il convient d'ajouter que, suivant la Commission
médicale, la filtration ne ferait pas perdre entièrement à l'eau du Rhône la saveur fade et terreuse
qu'elle a lorsque le fleuve est trouble et sale.

Ainsi, nulle possibilité de trouver dans la traversée
de Lyon, non plus qu'en dehors de la barrière Saint-
Clair, un emplacement convenable.

Reste Perrache, mais la longueur tout entière de
cette presqu'île ne suffirait pas pour l'établissement
d'une galerie de 2,000 mètres. Cette galerie d'ailleurs
recevrait non-seulement les eaux du Rhône, mais
celles de la Saône, reconnues peu convenables pour le
service de la ville. Dans les inondations, le filtre pourrait être recouvert, et les eaux s'y introduiraient probablement par dessus, comme cela arrive à Toulouse.
Ajoutons que les eaux recueillies auraient traversé la
ville et seraient saturées des immondices qu'elle
envoie, par ses ruisseaux et ses égoûts, aux fleuves
qui la traversent. Il faut dire encore que là aussi,
les remblais ont été généralement exécutés avec des

débris de démolitions, et des déjections de toutes sortes (1).

Enfin, il serait difficile, pour ne pas dire impossible, de rencontrer, pour l'établissement de la galerie, une ligne non-bâtie de 2,000 mètres ; empêchement capital et suffisant à lui tout seul pour démontrer l'impossibilité d'un pareil projet.

Il ne faut donc pas songer, pour l'établissement d'un filtre, à la rive droite du Rhône.

Quant à sa rive gauche, ce sont les Brotteaux. Là, moins de difficultés sans doute, si on monte ou si on descend bien au-dessus, ou bien au-dessous de la ville ; car autrement l'on échouerait encore devant l'inconvénient présenté par la nature des remblais (2), et aussi devant l'impossibilité de trouver un espace suffisant non bâti.

Les analyses faites par M. Dupasquier et par la Commission médicale établissent la mauvaise nature de ce sol ; en effet, il résulte du rapport de cette Commission, que l'eau fournie par la pompe des bains

(1) Un certain nombre de militaires casernés à Perrache, étant tombés malades, une enquête fut prescrite ; et il fut reconnu, à la suite des expériences faites par M. Buisson, depuis, l'un des membres de la Commission du 28 août, que cette épidémie locale devait être attribuée à des matières organiques contenues dans l'eau qui servait aux usages alimentaires de la caserne.

(2) Les remblais des Brotteaux ont été également exécutés, en grande partie, avec des débris de constructions, briques, pierres. La perméabilité y est telle sur certains points, qu'au dire d'un médecin de notre ville, M. le docteur Dussurgey, on trouve parfois des petits poissons dans l'eau extraite de la pompe d'une propriété qu'il possède aux Brotteaux, près de l'ancien Cirque.

Tonnelier, par exemple, lui a révélé la présence *d'une notable quantité de sulfate de chaux.*

Il n'en serait pas ainsi, peut-être, si les galeries de filtration étaient établies dans la partie tout-à-fait supérieure des Brotteaux ou des Charpennes. Mais tout porte à croire que ces terrains formés à peu près uniquement par les apports du Rhône, se composent, en grande partie, au lieu de sable et de gravier, de la vase successivement déposée par les eaux stagnantes qui ont longtemps couvert et couvrent encore, sur certains points, les parties basses et marécageuses sur lesquelles le Rhône s'étend, toutes les fois qu'il sort de son lit; ce qui donnerait probablement une eau fade et vaseuse, et plus ou moins chargée de matières organiques. Là aussi, ce filtre serait couvert dans les grandes inondations, et sujet aux inconvénients qui en seraient la conséquence.

Ces observations s'appliquent, à plus forte raison, aux terrains en aval qui, comme Perrache, présentent en outre l'inconvénient de ne pouvoir fournir que des eaux qui ont traversé les villes de Lyon et de la Guillotière, et reçu leurs immondices.

Est-il possible, d'ailleurs, qu'un établissement destiné à l'alimentation d'une ville comme Lyon, soit placé dans une circonscription administrative autre que la sienne, dans une ville voisine enfin ? Car autre chose est, à coup sûr, une galerie qui traverse le territoire de diverses communes à quarante ou cinquante mètres de profondeur, pour arriver à Lyon; autre chose est d'avoir dans une ville voisine, une machine, un appareil extérieur, apparent, placé en dehors de la protection et des murs de la ville qui l'aurait fait établir, et qu'il serait facile de détruire, sans que son administration eût le droit de les défendre et de les protéger directement.

De tout ce qui précède sur les moyens employés pour clarifier l'eau en grande masse et égaliser sa température, il résulte :

Que la clarification par le repos est impossible à raison des inconvénients signalés, et surtout à cause des dépenses exagérées de construction qu'elle exigerait ;

Que la clarification par l'alun doit être repoussée, à raison aussi des dépenses qui en seraient la conséquence, et surtout à cause de ses dangers ;

Que tout mode de filtrage artificiel est inapplicable à un grand service public, à raison de son insuffisance, de ses difficultés, des risques d'interruption, et notamment des dépenses qu'il entraîne ;

Que la clarification au moyen des bassins-filtrants et des puisards, doit être repoussée comme impuissante à fournir, dans les conditions nécessaires, une quantité d'eau suffisante ;

Que si le filtrage naturel, au moyen de galeries creusées dans le sol, le long d'une rivière, a pu et peut, dans certaines conditions, donner de bons et d'utiles résultats ; ce mode est néanmoins sujet à des inconvénients et à des chances d'insuccès auxquelles il est prudent de se soustraire quand on le peut ;

Et de plus, en ce qui touche notre localité, que ce mode ne peut être mis en pratique à défaut d'emplacement convenable, dans l'intérieur de la ville, et fort difficilement, et avec beaucoup de dépenses et de risques, sur la rive gauche du fleuve.

Cette question ainsi résolue, disons maintenant un mot de la quantité.

VI.

DE LA QUANTITÉ.

Il est bien évident que s'il s'agissait uniquement de puiser dans le Rhône, la quantité d'eau qu'on voudrait y prendre n'aurait pas de limites; mais il est loin d'en être ainsi de l'eau qui serait filtrée; car les filtres n'en donnent qu'une quantité déterminée, et en rapport avec la dépense faite; quantité qu'on ne pourrait augmenter qu'en augmentant la dépense; quantité qui doit aller en s'amoindrissant, comme cela est arrivé à Glasgow par suite de l'engorgement inévitable des masses filtrantes; comme cela paraît même être arrivé à Toulouse, à en juger par les faits précédemment cités d'après M. d'Aubuisson (1).

Ce qui est vrai pour les filtres, l'est également pour les machines à vapeur qui n'élèvent qu'une quantité également limitée, et en rapport aussi avec la dépense faite.

Cette faculté de puiser indéfiniment dans le Rhône qui séduit de prime abord, est donc complètement

---

(1) Les deux premiers filtres, qui donnaient d'abord 3,400 mètres cubes, dit M. d'Aubuisson, n'en donnèrent plus, en 1828, que 2,800, ce qui fit sentir la nécessité d'en établir un troisième. p. 94.

imaginaire, puisque, d'une part, ce n'est pas dans
le Rhône, mais dans les filtres qu'il s'agira de puiser,
ce qui est loin d'être la même chose ; et puisque,
d'autre part, la faculté de prendre se trouvera en rapport exact avec la dépense à faire, et que le Rhône,
avec toute sa largesse apparente, ne nous donnera
rien pour rien.

Cette faculté n'est donc pas autre chose que la faculté illimitée aussi que chacun a d'acheter les objets qui lui conviennent, à la condition d'avoir l'argent nécessaire pour les payer.

Il nous reste encore, pour compléter les moyens
de comparaison, à parler des dépenses et des questions qui s'y rattachent, telles que celles de solidité,
de durée, de réparations, de risques de chômage,
etc. etc.; questions qui, bien que secondaires,
relativement à celles qui touchent à la qualité de
l'eau, n'en ont pas moins une sérieuse importance,
puisque, bon gré malgré, il faut compter avec la nécessité, cette première des lois, qui maîtrise et règle
la vie des peuples et des cités, comme celle des individus.

VII.

DES DÉPENSES QUE NÉCESSITERAIT UN SERVICE D'EAU
DU RHÔNE.

La Commission, quelque soin qu'elle ait mis à se
former une opinion exacte des dépenses à faire pour

l'établissement d'un service d'eaux du Rhône, déclare ici que cette opinion ne doit être prise qu'à titre de renseignement ; car on comprend combien des chiffres de cette nature sont variables et incertains, lorsqu'ils ne s'appliquent pas à un établissement précis et défini ; lorsqu'ils n'ont pour base aucun projet fixe, aucun plan arrêté; lorsque l'emplacement n'est pas parfaitement désigné; lorsque l'indication des dimensions principales manque ; lorsque les conditions d'embellissement, de solidité, de style architectural et autres, qui influent si notablement sur les dépenses, ne sont pas connues. Néanmoins, la Commission, dans son désir d'approcher autant que possible de la vérité, et non contente des études auxquelles elle s'est livrée personnellement, s'est encore aidée des lumières de plusieurs ngénieurs distingués.

Les calculs de la Commission ont été faits dans la triple supposition d'un service journalier de 9,000, 12,000 et 15,000 mètres cubes d'eaux du Rhône, filtrées au moyen de galeries ayant deux ou trois mille mètres de longueur, et qui seraient établies sur la rive gauche du fleuve, en amont des Brotteaux, à partir d'un point éloigné de 8 à 900 mètres du pont Morand.

La dépense à faire pour l'établissement de ces galeries a été calculée d'après la dépense occasionnée par celles de Toulouse.

L'eau ainsi filtrée serait refoulée par une machine à vapeur qui l'élèverait à la hauteur de 35 mètres. Cette eau traverserait un pont aqueduc et remonterait, au moyen de tuyaux placés souterrainement, jusqu'au réservoir qui serait établi sous la place du Perron. Les calculs faits par la Commission comprennent dans la dépense, le prix de deux machines, afin de parer aux interruptions de service, en cas de réparation.

A ces dépenses nous avons ajouté une somme d'un million pour l'établissement du service de distribution, les fontaines publiques et monumentales comprises. Nous ne sommes entrés, sur ce dernier article, dans aucuns détails, par la raison bien simple que la Commission n'ayant à s'occuper de la dépense que comme point de comparaison et élément de préférence, il devenait inutile de s'appesantir sur cette partie de l'entreprise, puisque cette dépense doit être la même dans l'un et dans l'autre projet. Seulement nous ferons remarquer que s'il devenait possible d'employer les tuyaux de verre dont nous avons parlé, cette dépense pourrait se trouver réduite très-notablement.

Ce service établi, dans ces limites, coûterait annuellement et en chiffres ronds, suivant la note sommaire qui sera jointe à ce rapport, et y compris aussi l'intérêt à quatre pour cent l'an, du capital grossi, comme nous l'avons dit, d'un million pour l'établissement du service de distribution, savoir :

Pour un service de 9,000 mètres cub., 200,000 f. soit 1 fr. par personne et par année, pour une population de 200,000 âmes.

Pour un service de 12,000 mètres cub., 240,000 soit 1 fr. 20 c. par personne et par année.

Pour un service de 15,000 mètres cub., 270,000 f. soit 1 fr. 35 c. par personne et par année.

Ce qui fait revenir l'eau fournie :

Dans le premier cas , à un peu plus de six centimes le mètre cube , soit 0 f. 55 c. par individu et par année , en supposant une consommation personnelle et directe de vingt-cinq litres par jour ; le surplus de 0 fr. 45 c. représentant la consommation industrielle , et la consommation publique ;

Dans le second cas, cinq centimes et demi le mètre cube, soit 0 fr. 50 c. par individu et par an ;

Dans le dernier cas, un peu plus de 5 centimes, le mètre, soit 0 fr. 47 c. par personne et par année (1).

Nous avons laissé de côté, comme nous le ferons pour le projet opposé , soit les frais d'administration, soit les bénéfices sur lesquels la compagnie qui traiterait avec la ville, serait en droit de compter. Nos calculs reposent donc sur la dépense réelle, et le revient net , abstraction faite de tous avantages qui seraient abandonnés à ceux qui se chargeraient de la création de ce service, en supposant que le mode de concession à une compagnie doive être adopté comme le plus convenable pour la réalisation de cette entreprise , question que vous nous avez également soumise, Monsieur le Préfet, et que nous examinerons à son tour.

---

(1) Et en chiffres exacts :

0 f. 0610	le mètre cube, soit par personne et par an	0 f. 5566
0 f. 0550	. . » . . . . . . » . . . » .	0 f. 5018
0 f. 0515	. . » . . . . . . » . . . »	0 f. 4699

VIII.

SOLIDITÉ, DURÉE, RISQUES DE CHOMAGE ET D'INTER-
RUPTION D'UN SERVICE D'EAUX DU RHÔNE.

Malgré le degré de perfection relative auquel sont
parvenues les machines de toute nature, et notamment les machines à vapeur, il n'en est pas moins
incontestable que ces machines excluent toute idée
de solidité, de durée, et de permanence, en enten-
dant ces mots dans un sens général et absolu. Il
n'est pas de machine, quelque parfaite qu'elle soit,
qui ne se trouve exposée à de nombreux et fréquents
accidents; aujourd'hui c'est une pièce qui se rompt,
demain c'est une autre; tantôt c'est la chaudière
qu'il convient de remplacer, tantôt une autre partie
de cette fragile et effrayante puissance. Nous avons,
il est vrai, supposé que, pour diminuer les risques
d'interruption, et donner plus de sécurité au service,
il serait établi deux machines, dont l'une fonction-
nerait, lorsque l'autre serait en réparation; mais on
ne saurait disconvenir cependant, qu'il pourrait bien
arriver que ces deux machines se trouvassent simultanément hors de service, par suite d'accidents plus
ou moins graves, plus ou moins instantanés et imprévus.

Il convient en outre de remarquer que la science
en toutes choses, et surtout en mécanique, fait des
progrès tels, que ce qui paraît aujourd'hui la perfection, ne sera probablement plus, dans quelques an-

nées, qu'une vieillerie ; à ce point que la meilleure
de nos machines court grand risque d'être alors relé-
guée aux vieux fers. Nous avons des monuments
contemporains de tous les siècles, où sont les machines non pas des siècles anciens, mais de celui qui
a précédé le nôtre ! Si on faisait l'histoire de cette
partie de la science, on serait tout étonné de voir
que la vie moyenne des machines (comme invention),
n'est peut-être pas de dix ans. Les inventions sont
des jalons que la science plante sur sa route ; les
jalons restent, et la science marche, et ses progrès se
multipliant par eux-mêmes, croissent dans une proportion véritablement géométrique.

Les machines sont un peu comme nous, comme
notre siècle, elles vont vite, mais durent peu. Courte
et bonne ! Cette devise qui était à peine avouée autrefois par quelques rares Épicuriens, paraît être
devenue celle de notre génération ; et comme tout
s'empreint des idées du moment, nous donnons, à
nos créations, ce caractère et ce cachet d'impatience
fiévreuse qui nous brûle et nous consume.

Nous voici arrivés, Monsieur le Préfet, au terme
de l'examen auquel nous avons soumis le premier
des deux projets qui se disputent l'honneur de remplir, dans les services publics de notre ville, la déplorable lacune que nous y avons signalée; il nous
reste à examiner à son tour le second.

§ 2.

Eaux des sources à dériver.

Ces sources surgissent de Roye à Neuville, sur le versant occidental du plateau de la Dombe et de la Bresse. Ce plateau, ainsi que vous le savez, Monsieur le Préfet, s'étend du pied des contreforts du Jura et des montagnes du Bugey, jusqu'à Lyon où il vient se terminer par le promontoire de la Croix-Rousse, resserré par les deux rivières qui parviennent enfin à se réunir dans notre ville.

Ce vaste plateau qui s'élève d'à peu près 100 mètres au-dessus du lit de la Saône, est composé d'un terrain d'alluvion antérieur à notre âge géologique.

La distance de Lyon à Neuville, lieu où se trouvent les sources les plus éloignées, de toutes celles dont la dérivation est proposée, est de 13 kilomètres environ.

Les eaux de ces sources ont évidemment une origine commune, car les analyses faites par les savants déjà nommés, n'ont pas présenté de différences appréciables dans leur composition chimique, non plus que dans leur température.

Nous examinerons donc ces sources collectivement, sans nous arrêter à les comparer entre elles ; ni à faire ressortir les imperceptibles variations qu'elles présentent ; ce qui serait d'autant plus oiseux, que,

8

destinées à s'unir dans le même tunnel qui doit les amener à Lyon, elles ne formeront plus qu'une seule eau, une seule source désormais identique.

C'est aussi ce motif qui nous a fait penser qu'il était inutile de placer ici une description spéciale de chacune de ces sources, description qui se trouve déjà dans plusieurs des pièces jointes à l'enquête. Nous nous occuperons donc de la seule chose essentielle, en ce qui les concerne, savoir : de leur nature et de leurs propriétés, et nous nous bornerons à les envisager, ainsi que les eaux du Rhône, sous le rapport des qualités que nous avons signalées comme indispensables.

I.

DE LA TEMPÉRATURE.

La température de ces sources ne varie guères que d'un degré, des froids les plus rigoureux aux chaleurs les plus intenses; elle se maintient constamment entre 12 et 13°. La Commission s'est assurée elle-même de ce fait, et ses observations ont confirmé, sur tous les points, celles que les deux Commissions qui ont examiné cette question avant nous, ont consignées dans leurs rapports. Ces eaux sont donc tempérées l'hiver et parfaitement fraîches l'été; c'est un point qui n'est mis en doute par personne, et demeure acquis à la discussion.

Mais on s'est demandé si cette température ne se modifierait pas dans le trajet que les eaux dérivées auront à faire pour arriver à Lyon. La Commission n'hésite pas à dire qu'il ne saurait en être ainsi, pourvu que ces eaux y soient conduites par un canal souterrain ou tunnel, dont l'effet sera tout naturellement, comme nous l'avons déjà fait observer, de prolonger le cours de ces sources, et de reporter à Lyon, leurs points d'émergence. On sait, dit, dans son rapport, M. Mondot de Lagorce, que les eaux de sources, amenées dans des galeries souterraines, conservent leur température pendant le trajet. En effet, la température du sol correspondant à la température moyenne de la localité, il s'en suit que celle du tunnel sera nécessairement comme celle des sources, de 12 à 13 degrés. Cette égalité de température sera conservée même jusque sur les points de distribution, si on a soin de couvrir le réservoir d'arrivée qui versera l'eau dans les tuyaux de conduite, sans qu'elle ait été mise, un seul instant, en contact avec l'air extérieur.

II.

DE LA LIMPIDITÉ.

Les eaux des sources à dériver sont constamment limpides, et pures de toutes matières en suspension ; aussi sont-elles parfaitement transparentes, incolores, sans odeur, et d'une saveur franche et agréable. Ces qualités sont permanentes ; les pluies, les orages, les sécheresses, sont sans influence sur elles, sous ce rapport.

Les observations publiées, à ce sujet, sont unanimes, et la Commission d'enquête en a vérifié et reconnu la justesse.

III.

DE LA COMPOSITION CHIMIQUE.

La composition chimique des eaux fournies par les sources à dériver, a été constatée par diverses analyses faites par MM. Boussingault, Bineau, Dupasquier et Davallon. Ces opérations ont été vérifiées et approuvées par les deux Commissions précédentes. Nous en mettons, Monsieur le Préfet, le tableau sous vos yeux.

PRODUIT D'UN LITRE DE CHAQUE ESPÈCE D'EAU (1).					
GAZ.	Roye.	Ronzier.	Fontaine.	Neuville.	Moyenne.
	centili.	centili.	centili.	centili.	centili.
Acide carbonique..	3 166	3 308	3 173	3 981	3 407
Oxigène	0 620	0 658	0 613	0 546	0 604
Azote.	1 533	1 496	1 526	1 498	1 513
SELS.	gram.	gram.	gram.	gram.	gram.
Carbonate de chaux.	0 238	0 228	0 233	0 206	0 226
Sulfate de chaux . .	0 013	0 011	0 017	0 008	0 012

(1) Ce tableau ne comprend pas les sels qui se rencontrent ordinairement dans l'eau, en quantité trop minime pour y exercer une influence appréciable.

Vous voyez, Monsieur le Préfet, que les eaux de ces sources, comparées à celles du Rhône, contiennent une quantité notablement plus considérable des substances gazeuses et salines dont nous avons précédemment constaté l'utilité. Ces substances sont l'oxigène, l'acide carbonique, et le carbonate de chaux. Vous voyez également que le sulfate de chaux s'y trouve en quantité infiniment faible. Aussi les expériences faites et répétées par tous les hommes qui ont analysé ces eaux, et par la Commission elle-même, ont-elles fait connaître que, comme celles du Rhône, elles sont douces, dissolvent le savon, cuisent très-bien les légumes, et sont parfaitement propres à la teinture et à toutes les opérations qui en dépendent.

L'excellence de ces eaux en ce qui concerne leur application aux usages industriels, et notamment à la teinture et au lavage des soies, a été constatée dans une lettre qui a été adressée, à Monsieur votre prédécesseur, le 20 juillet 1838, par soixante-neuf des principaux teinturiers de la ville.

Il résulte aussi des expériences faites par M. Dupasquier en présence, et avec le concours de ces estimables industriels, au nombre de sept; et confirmées ensuite par des opérations semblables, exécutées par la Commission médicale; que les eaux des quatre sources, entre autres avantages, présentent celui de donner généralement plus de vivacité aux couleurs, et d'exiger une moins grande quantité de certaines matières tinctoriales.

« L'introduction dans les ateliers de Lyon et de ses faubourgs, d'une bonne eau de source, serait donc, pour l'industrie de la teinture lyonnaise, un avantage d'autant plus précieux, que cet élément nouveau n'en exclurait aucun autre, puisque l'eau du Rhône et celle de la Saône continueraient à être à la disposition de tous ceux qui pourraient trouver intérêt ou convenance à les employer; et qu'ainsi Lyon serait peut-être la seule ville au monde, qui réunirait, pour les travaux si divers de ses industries, et en particulier pour les opérations tinctoriales de ses fabriques, trois sortes d'eau bien distinctes :

Une eau très douce : celle de la Saône.

Une eau d'une nature mitoyenne : celle du Rhône.

Une eau toujours vive et limpide : celle des sources (1). »

Ce sont, sans doute, toutes ces considérations qui ont déterminé la Commission du 28 août à déclarer, que, « *sous le rapport industriel, comme sous le rapport hygiénique,* les eaux des sources à dériver possèdent *toutes* les qualités que réclament les usages pour lesquels on les propose. »

Mais ces sources sont-elles assez abondantes pour fournir à la ville de Lyon, la quantité d'eau dont elle a besoin ?

Ce point appelle, Monsieur le Préfet, un sérieux examen.

(1) Ces paroles sont extraites du procès-verbal qui a été rédigé à la suite des expériences faites par M. Dupasquier, en présence de MM. les délégués de l'industrie de la teinture, et dont il vient d'être parlé.

IV.

Les sources de Roye, Ronzier, Fontaine et Neuville,
ont été jaugées, une première fois à la fin de l'été de
1838, par M. Mondot de Lagorce, ingénieur en chef
des ponts et chaussées du département du Rhône,
en suite d'un arrêté de M. votre prédécesseur ; une
seconde fois, à la fin de l'été de 1841, par le même
ingénieur et sur l'invitation de M. le Maire de Lyon ;
puis encore dans le mois de juillet 1842, par M. Puvis,
membre de la Commission d'enquête, que nous avons
eu la douleur de perdre ; et enfin, au mois de mars
1843, par M. Pigeon, ingénieur des mines, délégué à
cet effet par vous, Monsieur le Préfet, sur la demande
de la Commission (1).

Le premier jaugeage a donné, pour résultat, (par
vingt-quatre heures) . . . .   8,226,712 lit.
dont il convient de déduire les quan-
tités fournies par les deux cours d'eau
non compris dans l'avant-projet de
dérivation, soit. . . . . , ...   1,701,000 lit.

Ce qui réduit l'eau fournie alors
par les sources à dériver, à . . . . .   6,525,712 lit.

Le second jaugeage a produit, sous
la même déduction. . . . .   14,097,000 lit.

Le troisième.   18,445,000

Et le dernier. . . . , ...   15,899,000

(1) Le Rapport de cet ingénieur figure au nombre des pièces jointes
à celui de la Commission.

M. Mondot de Lagorce a fait observer, dans son Rapport à M. le Préfet, en date du 24 octobre 1838, au sujet de son premier jaugeage; qu'il lui a été fort difficile de rendre les batardeaux employés à ce jaugeage, parfaitement étanches, tout comme aussi d'empêcher les filtrations occasionnées par le gonflement résultant du barrage; de sorte qu'il peut bien, dit-il, n'avoir pas réellement reconnu toute l'eau fournie par chaque source.

D'autre part, on assure, qu'à la même époque, l'eau du ruisseau de Fontaine était gaspillée tout le long de son cours, par les propriétaires des prés riverains, d'autant plus que la sécheresse était extrême, à cette époque, ainsi que nous l'avons déjà dit.

Les propriétaires des sources et de l'indiennerie de Roye affirment, de leur côté, que ces sources leur donnant une force motrice bien supérieure aux besoins de leur établissement industriel, ils avaient négligé depuis longtemps de veiller à l'écoulement constant et entier, et à la réunion de leurs eaux dans le grand réservoir; mais qu'après le jaugeage de 1838, dont le résultat les avait vivement surpris, ils firent visiter les divers conduits, dont quelques-uns se trouvèrent presque complétement obstrués par une quantité considérable de racines et de matières terreuses introduites par les fissures des canaux; et qu'aussitôt après la réparation générale qui fut faite, à cette occasion, le volume d'eau reçu dans le bassin se trouva immédiatement augmenté, par cela seul, de la moitié en sus.

Ces faits, que la Commission n'a pu vérifier,

puisqu'ils sont de beaucoup antérieurs à sa création, lui ont paru cependant assez vraisemblables, pour qu'elle ait cru devoir leur donner place ici; et on ne peut s'empêcher de reconnaître que les jaugeages postérieurs sont encore venus en accroître la vraisemblance.

A ces causes secondaires qui seraient loin d'expliquer, à elles seules, l'énorme différence existant entre le premier jaugeage et les trois autres, il faut encore ajouter, comme cause première et principale; d'une part, l'extrême sécheresse des années qui ont précédé 1838, et, d'autre part, l'abondance des pluies tombées les années suivantes. En effet, les études et les recherches météorologiques auxquelles les savants se sont livrés, jusqu'à ce jour, établissent une concordance, à peu près invariable, entre les périodes d'années pluvieuses ou de sécheresse, et les périodes d'augmentation ou de diminution des sources.

Or, les observations faites à Genève, à Mâcon et à Marseille, pendant un nombre d'années considérable (1), ont démontré que la moyenne de la pluie tombée annuellement était de $0^m 712$ millimètres, tandis que la quantité tombée en 1837, n'a été que de $0^m 525$ millimètres, soit plus d'un tiers de moins que la moyenne fournie par ces observations. En faut-il davantage pour expliquer l'abaissement des sources

(1) Ces observations, faites jusqu'en 1839, ont eu lieu pendant une série d'années qui a été, savoir :

A Genève, de . . . 56.
A Mâcon, de . . . . 20.
A Marseille, de . . . 18.

et cours d'eau, au moment du jaugeage fait en 1838 ; surtout si on se rappelle que les cinq années qui avaient précédé 1837, sans être aussi sèches, avaient toutes été remarquables, sous ce rapport; et que cette période de sécheresse est l'une des plus considérables dont nos campagnes aient conservé le souvenir?

C'est, dans ce sens, que M. le comte de Virieu, l'un des principaux propriétaires de ces localités, écrivait, le 7 janvier 1837, à M. le docteur Imbert, secrétaire de la Commission nommée par M. votre prédécesseur. Cet honorable propriétaire évalue aux deux tiers la diminution remarquée à la fin de 1838, dans les eaux du vallon de Fontaine, et rend compte des expériences au moyen desquelles il a formé son opinion, à ce sujet. Il dit que, de *mémoire d'homme*, on n'avait pas vu ces eaux aussi basses.

M. Perrot, maire de Fontaine, dans une déclaration du 3 mai 1840, exprime la même opinion, et annonce que, depuis le premier jaugeage fait par M. Mondot de Lagorce, le ruisseau de Fontaine a augmenté de plus de deux tiers. Cette déclaration, comme la lettre de M. de Virieu, sera placée à la fin de ce rapport.

Tous les savants, les anciens comme les modernes, s'accordent à dire, que les cours d'eau et sources doivent suivre, à une distance proportionnée à leur profondeur, et au temps nécessaire à l'eau de pluie pour opérer sa traversée souterraine, les variations qui surviennent dans la quantité de pluie tombant annuellement. Cette vérité est donc une de celles qui, passées dans la science à l'état d'axiome, ne peuvent plus être mises en doute ni en discussion.

Au surplus, le temps a marché depuis, et a apporté avec lui des enseignements plus puissants encore que les raisonnements de la science ; enseignements auxquels il a donné la consécration du fait et de l'expérience. Les sources qui s'étaient amoindries à la suite des années de sécheresse, se sont augmentées à la suite des années de pluies ; et cela, à douze ou quinze mois d'intervalle à peu près ; temps, à ce qu'il paraît, nécessaire pour l'infiltration des eaux qui alimentent ces sources. On a pu voir par là combien était peu fondée l'opinion qui attribuait la diminution des sources, au desséchement du marais des Echets, aux défrichements et autres travaux de terrassements qui ont eu lieu depuis quelque temps.

Cette opinion, bien qu'elle ne s'accordât, en aucune façon, avec les traditions locales qui apprenaient que, depuis plusieurs siècles, ces sources et cours d'eau avaient toujours été soumis à des alternatives de hausse et de baisse, correspondantes aux alternatives d'abondance ou de rareté des eaux pluviales (1) ; cette opinion, disons-nous, avait pu néanmoins être émise alors de bonne foi ; mais elle n'est plus soutenable aujourd'hui que ces sources ont repris leur ancien volume, bien que, depuis 1837, le marais des Echets soit resté ce que l'ont fait les travaux dont on a parlé ; bien qu'un certain nombre d'étangs de la

_____

(1) Ces alternatives étaient moins fortes cependant, car de mémoire d'homme, comme le dit M. de Virieu, on ne se rappelait pas, dans le pays, une baisse pareille à celle de 1837.

Dombe et de la Bresse aient été en partie desséchés ;
bien que les défrichements aient continué. La cause
est la même et les effets ont changé ; ce qui ne permet
plus de nier l'erreur commise, et prouve irrécusablement que la cause indiquée était étrangère à la diminution qui s'est fait remarquer.

Il est donc superflu d'examiner ici, si, comme on
l'a avancé d'une part, et nié de l'autre, le sol qui
soutient les étangs de la Bresse et celui des Echets, est
ou non perméable. Si les sources eussent suivi les
accidents auxquels ces étangs ont été soumis, si
elles eussent augmenté ou baissé avec eux, il faudrait
bien reconnaître que c'était dans leur sein qu'elles
s'alimentaient. Mais si c'est le contraire qui est
arrivé, si c'est aux accidents météorologiques, si
c'est aux alternatives de sécheresse et de pluie qu'ont
été subordonnées les alternatives de hausse et de
baisse des sources, il faut, par la même raison,
reconnaître que ces sources ont leur unique réservoir dans les nuages, et partant, qu'elles sont complétement indépendantes des travaux de desséchement auxquels on soumettra plus tard, nous
l'espérons, les étangs de la Bresse et de la Dombe,
ces marais-Pontins de la France ; tristes monuments
de l'aveuglement et de la routine, et peut-être aussi
un peu de l'insouciance administrative (1) !

(1) Un établissement insalubre sera impitoyablement proscrit,
quelque grande que soit son utilité, quelque considérables que
soient ses produits ; et on s'arrêtera devant un prétendu respect pour le droit mal compris de propriété, au nom duquel
on conservera un immense foyer de corruption qui met en coupe
réglée une population active et digne d'un meilleur sort. Il est

Enfin il convient de remarquer, qu'en admettant même que les eaux réunies dans les étangs, contribuassent à l'alimentation des sources à dériver, le dessèchement de ces étangs serait une circonstance plus favorable que nuisible à ces sources; puisque les travaux de culture qui seraient exécutés auraient pour effet nécessaire de faciliter l'absorption et l'infiltration des eaux qui tombent sur le plateau qui les fournit.

La Commission n'a pas pensé, comme quelques personnes, qu'il fût raisonnable de faire une moyenne des divers jaugeages qui ont été opérés, et de calculer et raisonner sur cette moyenne. Un service public ne peut admettre de pareilles compensations, puisque la surabondance obtenue dans une année ne serait, en aucune façon, un dédommagement de la pénurie qui succéderait à cette abondance.

Mais d'un autre côté, la Commission n'a pas cru qu'un fait anormal et presque séculaire (la période de sécheresse de 1832 à 1837 inclusivement) dût être pris pour règle. Tous les renseignements recueillis par la Commission, et dont les principaux viennent de passer sous vos yeux, lui ont donné la conviction que le *minimum* des eaux qui seront fournies par les quatre sources, sera d'au moins 9,000 m. cubes par jour, même à la suite des plus grandes sécheresses, et toute déduction

vrai qu'en forçant les propriétaires à cesser de décimer leurs malheureux cultivateurs, on doublerait très-probablement leurs produits, et conséquemment la valeur de leurs terres !

On exproprie pour cause d'utilité publique ; or, nous demandons s'il y a rien de plus utile, pour une population, que d'être garantie du poison qui la tue ?

faite des eaux qui seraient réservées pour l'irrigation, et pour remplacer celles qui seraient détournées, ainsi que cela sera dit plus tard, lorsque nous aurons à examiner les oppositions formées contre le projet. Cette opinion s'appuie encore, soit sur les motifs allégués par M. Mondot de Lagorce, soit aussi sur la conviction où est la Commission que d'autres sources se rencontreront dans la traversée du clos de Roye, qui a 1,640 mètres de longueur, dans le sens de la galerie (plus d'un huitième du parcours de cette galerie), sources que la Compagnie s'est obligée à réunir à celles qui ont été jaugées.

Cette opinion enfin, est celle de la Commission du 28 août, et aussi de la Commission médicale. Ni l'une ni l'autre ne paraissent douter de la suffisance des sources.

D'ailleurs, et quoi qu'il en soit, Lyon et les villes suburbaines à approvisionner sont à peu près désintéressées dans la question, puisque si l'administration traite avec la Compagnie de dérivation, ce sera, sans doute, pour acquérir, non pas les sources à dériver, mais bien une quantité fixe d'eau dont le *minimum* sera déterminé, de manière à laisser à la charge de cette Compagnie, les éventualités qui pourraient résulter de la diminution possible de ces sources (1).

(1) « Ne nous occupons point des moyens que les concessionnaires adopteront pour remplir leurs engagements; notre mission doit se borner à stipuler, dans le cahier des charges, de rigoureuses clauses pénales, pour le cas où la livraison viendrait à diminuer, ou à être interrompue. » (*Rapports au Conseil municipal, des* 10 *décembre* 1835 *et* 21 *avril* 1836.)

Ajoutons, qu'en cas d'insuffisance présente ou future des quatre sources, celles de Massieux, Reyrieux, Sainte-Euphémie et Toussieux (1) peuvent fournir une augmentation qui équivaudrait à plus du double, ce qui mettrait la Compagnie à même d'exécuter, et bien au-delà, ses engagements. En effet, le total du produit journalier de ces sources, jaugées par M. Mondot de Lagorce, s'élève à 13,813,136 litres.

Pour obtenir en sus cette nouvelle quantité d'eau, qui dépasse à elle seule les besoins à satisfaire aujourd'hui, il suffirait de prolonger successivement et à mesure que la nécessité s'en ferait sentir, le tunnel-aqueduc; dépense bornée et qui n'augmenterait pas proportionnellement avec la quantité fournie en plus.

Mais ce n'est pas tout, le versant oriental du même plateau présente aussi de très-nombreuses sources qui ont probablement une origine analogue à celles du versant occidental. Ces sources, qui ont été signalées dans le Mémoire de M. Thiaffait (2), forment une

---

(1) L'identité des sources de Massieux, Reyrieux, Sainte-Euphémie et Toussieux avec celles qui sont comprises dans le projet de dérivation, a été constatée par M. Dupasquier et par la Commission du 28 août, aussi bien sous le rapport de leur composition chimique, que sous celui de leur température et de leur limpidité.

(2) « On connaît le beau plateau qui, commençant à Caluire, couronne, à l'est, Neyron, Miribel, Saint-Maurice-de-Benost, etc.; à l'ouest, Sathonay, Fontaine et Cuire. C'est dans ces lieux que j'ai reconnu des sources dont l'abondance et la qualité ont fixé mon attention, et surpassé mon attente. Celles qui coulent à l'est de ce plateau, et qui s'accroîtraient considérablement par des recherches, ne sont utilisées qu'aux usages des habitants de ce riche canton. Là, point d'emploi de ces eaux pour l'industrie; point ou très-peu pour l'agriculture; le coteau d'où elles s'échappent étant tout vignoble, les habi-

réserve à laquelle Lyon peut avoir recours si l'avenir lui destine une prospérité et une population de nature à la rendre nécessaire.

La ville aurait encore le moyen, toujours en cas d'insuffisance, d'utiliser, pour les quartiers de l'ouest, les eaux de source qui sourdent en abondance des coteaux qui les dominent, lesquelles paraissent également bonnes, et pourraient ainsi former un service spécial pour l'ancienne ville. On éviterait par là l'emploi, toujours sujet à inconvénient, des siphons renversés, dont il faudrait se servir pour conduire les eaux de la rive gauche sur la rive droite.

La ville enfin aurait, quoi qu'il arrive, ses rivières à sa disposition, et rien ne serait plus simple alors que d'y puiser la quantité supplémentaire d'eau dont

---

tants s'occupent fréquemment du soin de les détourner de leurs propriétés, où elles leur seraient préjudiciables, et les rejettent dans les chemins vicinaux, ce qui rend quelques-uns d'entre eux fort incommodes et souvent impraticables. Il serait donc très-facile d'obtenir la disposition de ces eaux, en assurant toutefois aux communes la jouissance de celles qui leur sont nécessaires, et en payant à quelques propriétaires, de justes mais faibles indemnités.

« On voit à Neyron le Rhône recevoir l'excédant de plusieurs sources qu'il eût été facile d'utiliser. Un peu au-delà, dans un domaine à mi-coteau, s'écoule une quantité d'eau considérable, et qui dépasse de beaucoup les besoins de cette propriété. Tout près, et au sud-ouest de Miribel, toujours sur le coteau, un propriétaire peut en réunir assez pour faire mouvoir plusieurs usines, et ces eaux sont sans emploi. Mais c'est surtout sur la montagne, près de Saint-Martin (sources du grand et du petit Carré), à Saint-Maurice-de-Benost et à Benost, que l'abondance en est telle qu'il serait facile, moyennant quelques transactions, de compléter, là seulement, et dans les excédants de la consommation locale, tout ce que pourraient exiger les besoins de Lyon. » (*Mémoire de M. Thiaffait*)

on aurait besoin. L'eau des sources serait conservée pour les usages domestiques et industriels, et les eaux de rivière seraient alors employées au lavage des rues et pour le service de propreté et de salubrité publiques. C'est ce qui avait lieu à Rome, où l'eau Vierge, *aqua Virgo*, était exclusivement consacrée à l'alimentation des citoyens, tandis que les eaux de l'Anio, souvent troubles et boueuses, et soumises sans doute à l'influence de la température atmosphérique, étaient employées à l'arrosage des rues et autres usages analogues.

Les différents services dont les grandes villes anciennes et nouvelles, ont joui ou jouissent, ont été établis à plusieurs siècles d'intervalle et à mesure des besoins auxquels ces siècles donnaient naissance.

Depuis la fondation de Rome jusqu'à l'an 441, les Romains se contentèrent, pour leur usage, des eaux qu'ils tiraient du Tibre, des puits ou des fontaines; c'est le point où nous en sommes encore. Les neuf aqueducs construits plus tard dans cette ville l'ont été, les uns après les autres, et au fur et à mesure des besoins.

Il en a été de même de ceux de Lugdunum.

Londres a été successivement alimenté par huit grandes compagnies.

Ce n'est que successivement aussi que Paris a fait établir l'aqueduc d'Arcueil, celui des Prés Saint-Gervais, la pompe de Notre-Dame, la machine à vapeur du Gros-Caillou, celle de Chaillot; indépendamment de son bassin de la Villette où se rendent les eaux de l'Ourcq; indépendamment encore de son puits artésien de Grenelle ; ce qui ne l'empêche pas de songer à compléter son service, encore trop imparfait, par un établissement qui doit lui coûter plus de quarante millions!

On procédera de la même manière à Lyon. Dotons d'abord notre ville d'un service d'eau qui suffise largement aux nécessités actuelles et à celles d'un avenir prochain. Puis, plus tard, si de nouveaux besoins surviennent, nos descendants feront comme nous, ils y pourvoieront. Il faut songer à l'avenir, sans doute, mais dans une mesure raisonnable, et surtout sans lui sacrifier le présent.

Une seule chose donc est à faire, à propos du projet qui nous occupe, c'est de voir si la quantité d'eau fournie par les sources à dériver, vaut la dépense à faire pour se procurer ces eaux. Ceci établi, et alors même qu'il y aurait ultérieurement insuffisance, l'opération n'en aura pas moins été sage et utile ; car le supplément que la ville aurait à se procurer, ne coûtera alors que ce qu'il vaudra. D'ailleurs, toutes ces considérations, ainsi que nous l'avons déjà dit, touchent uniquement la compagnie de dérivation qui est responsable des quantités à fournir, et qui ne sera payée que de ce qu'elle aura livré.

Dépenses pour la dérivation des sources.

Suivant le projet de dérivation, les eaux des quatre sources seraient amenées à Lyon, par un canal souterrain ou tunnel qui commencerait à Neuville , en

contre-bas du niveau de la source de Lavosne, et
qui aboutirait à la place *du Perron*. Cette galerie
constamment souterraine aurait un parcours d'environ 13,000 mètres. Sa largeur serait de 1 mètre
50 centimètres, et sa hauteur sous clef de 1 mètre
85 centim. Sa pente serait réglée à 0 mètre 000,20 ;
soit 20 centimètres par kilomètre, conformément aux
indications de M. l'ingénieur en chef, Mondot de
Lagorce.

Ce tunnel serait exécuté au moyen de galeries la-
térales et de puits verticaux, suivant les exigences
des lieux et du sol. Ces puits seraient placés à des
distances qui varieraient de 300 à 500 mètres.

La galerie recueillerait la source de Lavosne à son
point d'émergence même ; les autres sources y seraient
amenées par des canaux couverts et particuliers, qui
iraient les chercher aux lieux où elles surgissent,
pour les préserver de toute souillure et les conduire
souterrainement dans la galerie. Au point d'arrivée de
cette galerie, on pourrait placer une vanne qui en
fermerait l'extrémité, et permettrait d'y faire, en
cas de besoin, un approvisionnement considérable,
comme dans un vaste bassin, dans lequel l'eau conserverait toujours sa température initiale.

L'eau ainsi amenée dans le réservoir établi sous la
place *du Perron*, à 33 mètres, au moins, au-dessus
de l'étiage de la Saône (*voir la note au bas de la page*
140), alimenterait toutes les parties de la ville placées au-dessous, et pourrait s'élever jusqu'aux étages supérieurs de toutes les maisons situées dans le
bas de la ville de Lyon, et des villes suburbaines.

Quant à la quantité d'eau destinée à la population des quartiers situés au-dessus du niveau fixé pour le réservoir d'arrivée, il serait fait emploi, pour l'y transporter, ainsi que le propose la Compagnie : ou d'une pompe à feu de peu d'importance ; ou d'une roue hydraulique qui pourrait avoir un très-grand diamètre, et sur laquelle tomberait un certain volume de l'eau dérivée ; ou bien, préférablement, d'une machine à colonne d'eau, à laquelle serait appliqué, pendant quelques heures de la nuit, et au moment de la cessation de tous les travaux, le volume entier du cours d'eau dérivé.

On obtiendrait, par ce dernier moyen, une force motrice faisant monter, sans frais, dans un réservoir couvert qui serait établi sur le plateau, toute la quantité d'eau dont on aurait besoin, et qui serait d'autant moins considérable que ce n'est pas là que se trouvent les ateliers de teinture, ni les autres établissements consommant beaucoup d'eau. Une machine qui élèverait de 700 à 800 mètres cubes d'eau, par jour, devrait donc largement suffire aux besoins de cette population, généralement évaluée à 30,000 âmes environ ; avec d'autant plus de raison qu'à cette quantité viendrait encore s'ajouter celle qui est fournie par les eaux fluant maintenant sur les points supérieurs de nos coteaux, et qui, en les supposant impropres aux usages domestiques, pourraient au moins continuer à être utilisées pour divers autres emplois.

Au surplus, et en ce qui touche l'insuffisance d'élévation reprochée aux sources à dériver, nous ferons remarquer que si cette objection valait, elle vaudrait bien plus encore contre les eaux du Rhône, puisqu'il faudrait aller les prendre 30 ou 40 mètres plus bas.

La dépense à faire pour l'établissement du tunnel de dérivation serait, suivant le projet : de 2,600,000 francs, à raison de 200 francs le mètre courant. La Commission pense, et c'était l'opinion de notre regrettable et savant collègue M. Puvis, que cette dépense pourra être réduite à 150 fr. le mètre; chiffre supérieur à tout ce que M. Puvis assurait avoir observé dans sa pratique; ce qui donnerait, pour une galerie de 13,000 mètres, 1,950,000 francs; ou en chiffres ronds, deux millions.

Quant aux indemnités réclamées par les divers propriétaires ou usufruitiers des quatre sources ou cours d'eau à dériver, et que le projet porte à la somme de 2,900,000 f., y compris les indemnités auxquelles donnerait lieu l'exécution du tunnel; il est sans doute arrivé ce qui arrive toujours en pareil cas; c'est-à-dire qu'il doit y avoir eu une grande exagération dans les demandes. La Commission pense que le prix à payer pour les quatre sources, ne devra pas s'élever à plus de deux millions, chiffre déjà exorbitant, et qu'elle pose sans que cela puisse tirer à conséquence; ce qui ferait en tout quatre millions.

A cette somme il faut ajouter, comme pour le projet opposé, un million de francs pour l'établissement des tuyaux de conduite et de distribution, réservoirs, fontaines, etc. En tout, cinq millions.

Il convient d'expliquer, au surplus, que ces évaluations que la Commission considère comme des maximums, ont été faites pour comparer le prix de revient des deux systèmes, et nullement pour servir de base à un traité, puisqu'il ne s'agit pas, pour la ville de Lyon et ses annexes, d'acheter les sources, mais bien une quantité fixe d'eau, en laissant toutes les éventualités à la charge de la Compagnie.

Que si, au contraire, après la déclaration d'utilité publique, on exécutait l'entreprise au moyen des deniers communaux, on aurait, à défaut de traités amiables, la ressource de l'expropriation, qui ferait justice de ce qu'il y aurait d'exagéré dans les prétentions des propriétaires des sources et des usines.

Ces observations préliminaires faites, il nous reste à aborder la question des chiffres.

On a vu que la dépense devait s'élever, suivant la Commission, à cinq millions, et à six suivant l'avant-projet. Nous établirons nos calculs sur chacune de ces deux hypothèses, et aussi pour chacun des cas où le service journalier serait fixé à 9,000, 12,000 ou 15,000 mètres cubes.

Première hypothèse.

La dépense de premier établissement étant supposée de cinq millions, l'intérêt annuel, à servir à raison de 4 pour cent l'an, serait de 200,000 f.; soit un franc par individu, et par année, pour une population de 200,000 âmes.

Cette même dépense appliquée à un service de 9,000 mètres cubes, ferait revenir le mètre à un peu plus de 6 centimes, et la consommation annuelle de chaque individu à 55 c. par année, en admettant toujours une consommation directe de 25 litres par individu et par jour.

Pour un service de 12,000 m., le prix de chaque mètre cube se réduirait à 4 cent. 1/2, et la dépense à 42 cent. par an et par individu.

Et enfin, avec un service de 15,000 m., le mètre cube ne reviendrait plus qu'à 3 cent. 1/2, et la dépense pour la consommation personnelle à 33 c. par année.

Deuxième hypothèse.

Si la dépense, au lieu d'être de cinq millions, s'élevait à six, ainsi que l'annonce la Société de dérivation, il s'en suivrait que le service coûterait :

Pour le cas d'une fourniture de 9,000 m. c., 7 c. 1/3 le mètre, et 67 cent. par an et par individu.

Pour le cas d'une fourniture de 12,000 m., 5 c. 1/2 le mètre, et 50 cent. par an et par individu.

Pour le cas enfin d'une fourniture de 15,000 mètres, près de 4 cent. 1/2 le mètre, et 40 cent. par individu et par année (1).

Nous joignons ici un tableau qui résume tous ces chiffres de manière à en faire saisir plus aisément l'ensemble (*voir la page ci-après*).

(1) Et en chiffres exacts :

Pour une dépense de 5 millions.

0 f. 06c,1080 le m. cube, 0 f. 55c,6625 par individu, p' un s^{ce} de 9,000 m

0	04c,5666	»	0	41c,6100	»	»	12,000
0	03c,6533	»	0	33c,3060	»	»	15,000

Pour une dépense de 6 millions.

0	07c,3200	»	0	66c,7950	»	»	9,000
0	05c,5000	»	0	50c,1875	»	»	12,000
0	04c,4000	»	0	40c,1500	»	»	15,000

Tableau comparatif des dépenses et revient-

INDICATION des DIVERS SERVICES PRÉVUS POUR L'UN ET L'AUTRE SYSTÈME.	DÉPENSE annuelle, non compris les frais d'administr. et les bénéfices de la Compagnie concession- naire.	PRIX de REVIENT du MÈTRE cube.
Service de 9,000 mètres cubes, ou 9 millions de litres.	f.	f. c.
Eaux du Rhône . . . . , .	200,000 »	0 06 »
Eaux de source avec une dépense de 5 millions de f.	200,000 »	0 06 »
Eaux de source avec dépense de 6 millions . . .	240,000 »	0 07 5
Service de 12,000 mètres cubes.		
Eaux du Rhône	240,000 »	0 05 5
Eaux de source avec dépense de 5 millions . . .	200,000 »	0 04 5
Eaux de source avec dépense de 6 millions. . . .	240,000 »	0 05 5
Service de 15,000 mètres cubes.		
Eaux du Rhône	270,000 »	0 05 »
Eaux de source avec dépense de 5 millions . . .	200,000 »	0 03 5
Eaux de source avec dépense de 6 millions. . . .	240,000 »	0 04 5
Moyenne.		
Eaux du Rhône	256,666 »	0 05 5
Eaux de source avec dépense de 5 millions. . . .	200,000 »	0 04 5
Eaux de source avec dépense de 6 millions . . .	240,000 »	0 05 7

-nets des eaux du Rhône et des eaux de source.

DÉPENSE ANNUELLE par individu, calculée sur une population de 200,000 âmes.		INDICATION des
Pour tous les services comprls.	Pour la consommation personnelle, évaluée à 25 litres par jour et par individu.	RÉSULTATS FOURNIS PAR L'APPLICATION DES DEUX SYSTÈMES COMPARÉS ENTRE EUX,
f. c.	f. c.	
1 » »	0 55 »	Égalité de prix.
1 » »	0 55 »	
1 20 »	0 67 »	Différence en faveur des eaux du Rhône d'environ 15 à 16 pour 100.
1 20 »	0 50 »	Avantage d'un cinquième ou 20 pour 100 en faveur des eaux de source.
1 » »	0 42 »	
1 20 »	0 50 »	Égalité de prix.
1 35 »	0 47 »	Avantage de 25 à 30 pour 100 en faveur des eaux de source.
1 » »	0 53 »	
1 20 »	0 40 »	Avantage de 10 pour 100 en faveur des eaux de source.
1 18 »	0 50 6	Différence en faveur des eaux de source 01 c. par mètre cube, soit 20 pour 100 ; et 07 c. par individu, soit environ 15 pour 100.
1 » »	0 43 3	
1 20 »	0 52 3	Différence en faveur des eaux du Rhône, environ 3 pour cent.

Ces dépenses paraîtront sans doute d'une minimité fabuleuse, surtout si on se rappelle les calculs que nous avons présentés pour établir le prix de *revient* de l'eau que les consommateurs vont, ou envoient chercher dans les fontaines publiques ; mais on ne peut s'élever contre les chiffres, et il faut bien se soumettre à leur autorité.

Il convient de dire, comme nous l'avons fait, en parlant du projet opposé, que ces mêmes chiffres n'expriment que le *revient* net, et qu'il faudra y ajouter les frais d'administration et les bénéfices de la compagnie.

Disons un mot, maintenant, de la solidité et de la durée des travaux d'art à exécuter.

Solidité, durée, risques de chômage et d'interruption du service.

Tout finit, tout cède à l'action du temps et de l'homme ; de l'homme surtout, qui a incontestablement le droit d'être placé à la tête des principaux agents de destruction. Après lui viennent les éléments, la pluie, le soleil, le vent, la gelée, et mille autres causes agissant à la surface du globe.

Un tunnel ou aqueduc construit sous terre, qui se trouve de la sorte à l'abri des atteintes de l'homme et de ses complices atmosphériques, est donc placé dans les meilleures conditions possibles de permanence et de durée. Sa maçonnerie, au lieu de s'al-

térer, se consolide de jour en jour, de siècle en
siècle, par l'effet de la combinaison de la chaux avec
la silice des pierres employées à sa construction, et
la raison humaine est presque impuissante à assigner
un terme à cette durée. Si tous les aqueducs dont
nous avons conservé des restes si imposants avaient
été creusés sous terre, ils seraient encore intacts,
ainsi que cela est arrivé pour toutes les parties qui
se sont trouvées dans ce cas. Les générations, les
peuples, les révolutions peuvent passer sur de
pareils travaux, mais il ne leur est pas donné de les
anéantir. Les machines vivent la vie des hommes;
les aqueducs souterrains vivent la vie des peuples!

Des travaux de cette nature ne laissent donc rien
à désirer sous le rapport de la solidité et de la durée,
et mettent, de la sorte, le service pour lequel ils
ont été établis, à l'abri de toute chance de chômage
et d'interruption.

On avait, il est vrai, parlé du danger auquel un
tunnel serait exposé en cas de commotions souterraines, de quelque cataclysme, ou tremblement de
terre. Cette objection qui vaudrait au moins autant
contre toute autre espèce de travaux, n'a pas paru
sérieuse à la Commission. L'homme ne peut établir
ses calculs que sur les lois ordinaires qui régissent
le monde, et non sur les événements qui sortent de
la règle, et qu'il n'est donné à personne de prévoir
ni d'empêcher. On a rebâti Lisbonne, on rebâtira
notre infortunée ville de la Pointe-à-Pitre, sans se
laisser arrêter par les événements qui ont amené une
première fois leur destruction. Les faits de cette

nature ne sauraient entrer dans les calculs de la
prudence humaine, ni servir de règle à ses déter-
minations.

On a parlé aussi d'un cas de guerre ou de siége.
Mais, ce cas arrivant, ne serait-il pas plus facile à
l'ennemi de détruire une machine apparente, qu'un
aqueduc enfoui à 50 mètres sous terre (1), et
dont l'existence ne lui serait signalée par aucun ves-
tige extérieur; surtout si cette machine était placée
sur la rive gauche du Rhône? Dans ces cas rares,
extrêmes et de courte durée, on aurait, à tout événement, la ressource des eaux de rivière. L'ennemi,
bien convaincu qu'il ne pourrait, sous ce rapport,
nous faire courir aucun danger sérieux, ne songerait
probablement pas à interrompre un service auquel
il nous serait si facile de suppléer.

(1) Cette profondeur au-dessous de la surface du plateau, qui domine de 90 à 100 mètres le lit de la Saône, est déterminée par les niveaux des sources à dériver; or, voici ceux qui ont été constatés par
M. l'ingénieur en chef des ponts et chaussées, et qui sont consignés
dans son Rapport à M. le Préfet :

« La hauteur de la source la plus basse de Neuville est à   59m,90
au-dessus de l'étiage de la Saône. — Le réservoir où se rendent les sources de Roye (venant de divers points de la
colline, nécessairement plus élevés) est à. 54m,19
au-dessus du même niveau. »

D'autre part, on lit dans l'avant-projet : « La galerie de dérivation
sera établie en contrebas de la source de Lavosne..... de manière à se
trouver, en passant à Roye, à la hauteur des principales sources dans
la colline au-dessus du réservoir. »

Ainsi, cet aqueduc ne paraîtra nulle part au jour, et il sera générale-
lement placé, comme cela vient d'être dit, à environ 50 mètres sous
terre.

CONCLUSION.

Il résulte de tout ce qui précède, Monsieur le Préfet,

En ce qui touche la température, la limpidité et la composition chimique, constituant les qualités que les eaux destinées au service de Lyon doivent avoir :

Que l'eau du Rhône, dans son état naturel, n'en possède aucune, et que les quatre sources, au contraire, les réunissent toutes.

En ce qui touche les moyens connus de clarification de l'eau, en grande masse ;

Que le mode de filtrage, par galeries parallèles au cours des rivières, est seul praticable; mais qu'à Lyon l'application de ce système est réellement impossible sur la rive droite, et fort difficile et d'un succès plus que douteux sur la rive gauche, où il présenterait d'ailleurs l'inconvénient, pour la ville de Lyon, de placer cet établissement, le plus important de tous, en dehors de ses murs et de sa protection ;

Qu'au surplus ce mode de filtration est impuissant à rendre complétement à l'eau, toutes les qualités désirables, surtout pour ce qui a rapport à sa composition chimique.

En ce qui touche la quantité ;

Que celle des eaux qui seraient fournies par les quatre sources doit être évaluée, dans les plus mauvaises circonstances, à 9,000 mètres cubes, par jour, et dans les années ordinaires, à 15,000 ;

Que cette quantité peut être presque indéfiniment accrue par les sources de Reyrieux, Massieux, Toussieux et Sainte-Euphémie, ainsi que par celles du versant oriental du plateau ; sauf à augmenter la longueur du tunnel, et par suite la dépense (1) ;

Et enfin, que les quantités qu'on peut obtenir du Rhône, n'ont d'autres limites aussi, que les frais à faire pour les rafraîchir, les clarifier et les élever.

En ce qui touche la question de dépense, et en admettant qu'on obtînt, de *prime abord*, un succès complet dans l'établissement des appareils de filtrage (2);

Que cette dépense, pour un service d'eaux du Rhône, s'élèverait (3), savoir :

Pour 9,000 mètres cubes par 24 heures, au même

(1) Les sources jaugées par M. Mondot de Lagorce donnaient, malgré la sécheresse de 1837 et des années antérieures, plus de 22 millions de litres ; celles du versant opposé en fourniraient, sans doute, au moins autant, en tout 45 millions, soit la quantité nécessaire pour alimenter une population d'un million d'hommes.

(2) Un succès de cette nature, sans tâtonnement, sans essais préalables, n'a pas d'exemple connu ; on sait, en effet, qu'à Toulouse même, plusieurs tentatives, plus ou moins infructueuses, ont eu lieu. Or ces tâtonnements, ces essais, ces tentatives, augmentent toujours et nécessairement les dépenses prévues.

(3) Voir le tableau qui précède, p. 156 et 157.

prix que celles des sources, en supposant que la dépense à faire pour leur dérivation et leur distribution ne dépassât pas cinq millions;

Pour 12,000 mètres, un cinquième de plus;

Pour 15,000 mètres, plus d'un quart en sus;

Différences qui tiennent à ce que les eaux prises dans le Rhône et élevées par une machine à vapeur, exigent une dépense qui augmente avec leur quantité; tandis que, pour les eaux amenées par le tunnel, la dépense est la même, quel que soit le volume d'eau dérivé;

Que dans l'hypothèse où l'entreprise de la dérivation exigerait une dépense de six millions, comme l'affirment les auteurs du projet, les eaux du Rhône coûteraient :

Pour un service de 9,000 mètres cubes, un sixième de moins que les eaux de source;

Le même prix pour un service de 12,000 mètres,

Et un dixième de plus pour un service de 15,000 mètres;

Que, d'après les évaluations faites précédemment pour les dépenses respectives de chacun des deux projets, les eaux du Rhône reviendraient en *moyenne*, à cinq centimes et demi le mètre cube (un demi centime l'hectolitre), et les eaux de source à un peu plus de quatre centimes et demi; différence en faveur des sources, un peu moins d'un centime par mètre cube;

Qu'envisagées sous le rapport de la consommation personnelle fixée à vingt-cinq litres par individu, et abstraction faite des eaux employées pour les usages industriels et les services publics, les eaux du Rhône reviendraient à un peu plus de cinquante centimes et demi par individu et par an ; et celles des sources à quarante-trois centimes un tiers ; différence en faveur des sources, un peu plus de sept centimes.

Que dans l'hypothèse la plus défavorable aux sources, d'une dépense de six millions au lieu de cinq ;

Le mètre cube des eaux de source coûterait, toujours en *moyenne*, 0 f. 05^c,7, et les eaux du Rhône, 0 f. 05^c,5, c'est-à-dire presque l'égalité ;

Que la consommation par chaque individu reviendrait : pour les eaux de source, à 52^c 1/3 par année, et pour les eaux du Rhône, à 50^c 2/3 ; différence, 1 cent. 2/3 seulement, par individu et par année, en faveur de ces dernières ;

En ce qui touche les conditions de solidité, de durée, de permanence, et les risques de chômage et d'interruption du service ;

Que l'établissement de toute espèce de machines ne peut pas être comparé à celui d'un aqueduc souterrain, auquel les machines les plus solides ne sont certainement pas, pour la solidité et la durée, ce que un est à cent.

Pour ces motifs, la Commission, sur la troisième question, est d'avis :

Que les eaux des sources dont la dérivation est demandée, doivent être, sous tous les rapports, préférées à celles du Rhône.

Quatrième Question.

LA LOI PERMET-ELLE L'EXPROPRIATION ? LES OPPOSITIONS FORMÉES
AU PROJET SONT-ELLES FONDÉES ?

Ces deux faces de la question exigent une étude
spéciale et distincte. Nous allons d'abord nous occuper de la première.

§ 1.

De l'Expropriation.

La question d'expropriation a été posée par vous,
Monsieur le Préfet, dans les termes suivants, qu'il
convient de rappeler (1).

(1) Cette question a été examinée, ainsi que nous l'avons dit précédemment, par une sous-commission composée des quatre magistrats
ou jurisconsultes que la Commission d'enquête renferme dans son
sein, et dont M. le conseiller Durieu a été l'organe. On comprendra
dès-lors que le rapporteur-général n'a rien eu de mieux à faire que de
reproduire l'opinion de cette sous-commission. Aussi est-ce ce qu'il a
fait, autant qu'a pu le lui permettre l'obligation où il se trouvait
de lier et de coordonner toutes les parties de cette vaste discussion.

« 1° La loi du 3 mai 1841 sur l'expropriation pour
cause d'utilité publique, est-elle applicable à la fourniture des eaux à une ville ?

2° Peut-on, en vertu de cette loi, acquérir, par les
voies judiciaires, le droit de traverser souterrainement un grand nombre de propriétés, d'y creuser
des puits de recherche, ou regards permanents, et
de fouiller ces propriétés, toutes les fois que des
réparations à faire au tunnel le rendront nécessaire ?

3° La faculté d'expropriation consacrée par la
loi précitée s'étend-elle jusqu'aux choses qui sont
dans le domaine commun, et plus spécialement peut-
on l'appliquer à des sources ou cours d'eau coulant
à ciel ouvert, et desservant, pour leurs besoins généraux, une partie notable du territoire de plusieurs
communes?

4° Dans le cas de l'affirmative, contre qui l'expropriation sera-t-elle dirigée? Contre les propriétaires
riverains ayant l'usage direct des eaux, ou contre
les communes dont l'ensemble des habitants en profite indirectement? »

Permettez-nous, avant d'aborder ces questions,
de les examiner dans leur ensemble, et de les faire
précéder de quelques réflexions générales sur le droit
d'expropriation pour cause d'utilité publique.

Ce droit, vous le savez, Monsieur le Préfet, est
aussi ancien que les sociétés; il repose sur le même

principe que l'organisation sociale elle-même; l'immolation de l'individualité à la communauté; de l'intérêt privé à l'intérêt public.

Ce droit est antérieur aux lois écrites; car il est inhérent à la vie des sociétés; sans lui elles ne pourraient rien; sans lui elles dépériraient dans une stérilité impuissante et éternelle. C'est ce qui a fait dire à Grotius que le droit de propriété avait pour limite nécessaire, l'intérêt général, parce que la société n'avait pu créer un droit qui irait contre sa fin.

Ce droit est donc absolu et immuable; il a été recueilli dans toutes les législations. Il fut, dans les codes romains, le principe et l'instrument glorieux de ces aqueducs gigantesques qui étonnent aujourd'hui notre faiblesse (1).

Ce droit, écrit aussi dans nos législations modernes,

---

(1) Ce droit s'exerçait alors d'une manière fort sommaire, à en juger par l'extrait suivant d'un des mille sénatus-consultes rendus pour la conservation des eaux et aqueducs.

« Les consuls Q. Ælius Tubéron et Paulus Fabius Maximus ayant fait un rapport au sénat, sur les réparations à faire aux canaux, conduits souterrains, et voûtes des aqueducs des eaux Julia, Marcia, Appia, Tepula et Anio, ont demandé au sénat ce qu'il lui plaisait d'ordonner à ce sujet; sur quoi il a été arrêté : que les réparations des canaux, conduits souterrains et voûtes qu'Auguste César a promis de faire à ses frais, seraient faites ; que tout ce qui pourrait être tiré des champs des particuliers, comme la terre, la glaise, la pierre, la brique, le sable, les bois et les autres matériaux nécessaires, *après avoir été estimés par des arbitres*, seraient cédés, enlevés, pris et transportés sans que personne puisse s'y opposer. Que, pour le transport de ces matériaux, et la facilité des réparations, il serait pratiqué, toutes les fois que le besoin l'exigerait, les chemins ou sentiers nécessaires, au travers des champs des particuliers, *en les dédommageant*. »

n'a jamais varié dans son principe ; il a varié seulement dans les lois qui en ont organisé l'application.
Le fond est resté le même, la forme seule a changé
suivant l'esprit des diverses époques successives dont
elle a reçu et gardé l'empreinte. Ainsi, au commencement de l'Empire, à cette époque de force où une
main puissante élevait avec tant de fermeté, au profit du pouvoir central, notre organisation administrative; où le chef de l'Etat, attirant tout à lui, ne
voulait trouver aucun obstacle dans l'exécution de
ses projets; à cette époque, l'administration, par la
loi de 1807, s'attribua presque exclusivement le pouvoir expropriatif.

On était allé trop loin, il y eut réaction. La loi de
1810 restitua le droit de fixer les indemnités d'expropriation, à la magistrature, gardienne naturelle des
droits de la propriété.

En 1830, l'opinion publique préconisait vivement
le jury; toutes les tendances, on s'en souvient, se
tournaient du côté de cette institution. Cet esprit de
l'époque s'imprégna dans la loi d'expropriation, et le
jury fut admis comme élément prépondérant, dans
l'organisation du pouvoir expropriatif.

C'est dans cet esprit que furent faites la loi de 1833,
et plus tard celle du 3 mai 1841 qui nous gouverne
aujourd'hui, en attendant qu'on la remplace. C'est
ainsi que les lois organiques du droit ont successivement varié, au souffle des préventions ou des préoc-
cupations du moment.

Mais, répétons-le, si les formes ont changé, le
principe est resté immuable; il est aujourd'hui ce

qu'il était en 1807, en 1810. Ainsi, en ce qui touche non la forme, mais le fond, les arrêts, les doctrines antérieurs à 1841, sont encore applicables. C'est ce qu'il faudra se rappeler dans le cours de cette discussion, à laquelle nous devons nous hâter de revenir.

I.

L'EXPROPRIATION PEUT-ELLE ÊTRE POURSUIVIE AU PROFIT D'UN INTÉRÊT COMMUNAL, ET CONTRE DES BIENS COMMUNAUX ?

La Commission répond : Oui.sans doute, puisque la loi du 3 mai 1841 (articles 12 et 13), prévoit textuellement le cas où l'expropriation serait demandée par une commune, dans un intérêt purement communal, et celui où elle serait demandée contre des biens communaux.

Ainsi, la question doit rester hors de controverse ; elle est résolue par le texte de la loi.

II.

L'EXPROPRIATION PEUT-ELLE ÊTRE ADMISE AU PROFIT DES TRAVAUX D'ARTS DESTINÉS A FOURNIR DE L'EAU AUX BESOINS D'UNE GRANDE VILLE ?

La Commission n'a pas hésité davantage ; elle a adopté l'affirmative, fondée encore sur la même loi de 1841, article 3, lequel, après avoir énuméré les principaux ouvrages d'utilité publique au profit desquels l'expropriation peut être prononcée, ajoute

dans son dernier paragraphe : *et tous autres travaux…*
En accordant la fin, il fallait bien que la loi accordât
les moyens.

C'est dans ce sens, et pour des travaux parfaitement analogues, que la loi de 1841 et les lois précédentes ont été constamment entendues et appliquées,
et notamment en ce qui touche les services d'eaux
établis ou près de l'être à Dijon et à Besançon, par
le moyen de sources à dériver, dans des conditions
semblables à celles où se trouvent les sources proposées pour l'alimentation de notre ville.

III.

L'EXPROPRIATION PEUT-ELLE S'APPLIQUER A DES EAUX SERVANT AUX USAGES, SOIT DES RIVERAINS, SOIT DES COMMUNES ; ET CONTRE QUI, EN CE CAS, DOIT-ELLE ÊTRE DIRIGÉE ?

Pour être clair , il faut diviser la question.

Ou les eaux à exproprier forment une simple
source ; ou elles sont arrivées à l'état de cours
d'eau. Nous allons examiner successivement ces
deux faces de la question.

Des Sources.

L'expropriation d'une source ne peut donner lieu
à aucune difficulté. Une source est une propriété
privée ; une propriété ordinaire. La source appartient en toute propriété au maître du champ où elle

surgit et coule, c'est une dépendance de ce fonds.
« Celui qui a une source dans son fonds peut en user
« à sa volonté, sauf le droit que le propriétaire du
« fonds inférieur pourrait avoir acquis par titre ou
« par prescription. » (Article 641 du code civil).
Or, toute espèce de propriété est susceptible d'être
expropriée; la loi ne fait pas de distinction; la jurisprudence n'en fait pas davantage. On pourrait
exproprier le fonds même où jaillit la source; à plus
forte raison peut-on exproprier la source qui n'en est
qu'une dépendance.

Il est bien entendu que si les propriétaires voisins
ont eux-mêmes acquis des droits sur la propriété de
la source, ils n'en pourront être dépossédés, comme
le propriétaire principal, que par la voie de l'expropriation forcée.

L'expropriation devra donc être dirigée et contre
le propriétaire primitif de la source, et contre tous
ceux qui auraient acquis, à un titre ou à un autre,
des droits sur la propriété de cette source.

Il est bien entendu que si les communes avaient,
comme communes, c'est-à-dire comme propriétaires
de biens communaux, des droits fondés à un titre
quelconque, il serait procédé contre elles, comme
on le ferait contre des particuliers.

Voilà pour le cas où les eaux à exproprier ne cons-
titueraient qu'une source.

Des cours d'eau.

Un cours d'eau peut-il être soumis à l'expropriation pour cause d'utilité publique?

La Commission n'a vu aucune raison d'hésiter sur cette question. L'affirmative n'est pas douteuse, elle ne l'a jamais été; et même aucune chose, en pratique, n'a été plus souvent soumise à l'expropriation, que les cours d'eau. La Commission a eu sous ses yeux, et pourrait mettre sous les vôtres, Monsieur le Préfet, six arrêts rendus depuis 1835, qui tous se rapportent à des cours d'eau qui ont été expropriés pour alimenter des canaux.

Un exemple plus directement applicable nous a été fourni par la ville de Dijon. Cette ville, qui jouit pourtant d'une rivière, a préféré, pour son usage, des eaux de source. La source la plus convenable était celle du Rozoir, qui flue à 13 kilomètres sur la commune de Messigny. La ville de Dijon en a demandé la dérivation; la commune de Messigny et divers possesseurs d'usines ont formé opposition à cette demande; mais après les formalités d'usage, une ordonnance royale est intervenue, en date du 31 décembre 1837, qui a déclaré l'utilité publique.

Même chose est arrivée pour Besançon. Cette ville, dans les murs de laquelle coule la rivière du Doubs, a obtenu, à la date du 30 août 1838, une ordonnance qui déclare d'utilité publique, l'augmentation du volume de ses fontaines, et les travaux nécessaires pour y amener de nouvelles eaux, et l'autorise à

acquérir, par la voie de l'expropriation, la source
d'Arcier et l'usine appartenant aux héritiers Bour-
gon, ainsi que les terrains qui seraient nécessaires
pour l'exécution de ces travaux.

Proudhon, dans son Traité du domaine public,
pose cette solution comme une vérité hors de controverse. « Le gouvernement, dit-il, peut toujours,
« moyennant indemnité compétente, s'emparer des
« sources et ruisseaux qui se trouvent dans les ter-
« rains supérieurs. »

Mais doit-on indemniser les propriétaires riverains pour le dommage qu'ils vont souffrir, par la
privation des eaux qui bordaient leurs héritages et
qui servaient à leur irrigation?

L'auteur célèbre dont nous venons de parler, Proudhon, n'hésite point à déclarer qu'aucune indemnité
n'est due pour ce sujet.

L'argumentation de Proudhon est fort simple. L'eau
courante, dit-il, est dans le domaine commun;
elle appartient à tout le monde, ou, ce qui est la
même chose, elle n'appartient à personne; elle est
soumise seulement et uniquement à un régime de
police administrative. Si elle n'appartient à personne,
on n'a pas à l'exproprier; il suffira d'un règlement
administratif pour détourner son cours, au gré de la
puissance publique; de la puissance publique, qui
n'est pas propriétaire de l'eau courante, mais qui en a
la direction souveraine. Ainsi point d'expropriation,
point d'indemnité; un simple règlement d'administration est suffisant.

La Commission d'enquête, Monsieur le Préfet, a

cru trouver, dans cet argument, l'abus d'un principe poussé trop loin.

Sans doute, l'eau courante appartient à tout le monde ; sans doute, tout le monde a droit à l'usage de l'eau courante ; mais à côté de ce droit général donné par la nature, il y a des droits particuliers stipulés par la loi écrite.

Ces droits particuliers sont ceux des riverains ; la loi qui les consacre, c'est l'article 644 du code civil, disposant, que celui dont la propriété borde une eau courante, a le droit de s'en servir pour son irrigation.

Ainsi les eaux courantes sont soumises à l'usage général par le droit naturel, mais bien entendu, sauf les droits particuliers établis par la loi positive. Or, la loi positive, on vient de le voir, établit des droits particuliers en faveur des riverains ; ces droits, il faut donc les respecter ; ou, si on les supprime, il faut substituer, à leur place, une indemnité qui les représente. La société a le droit d'exproprier ; c'est l'attribut de l'autorité suprême qu'elle exerce dans l'intérêt de tous ; mais ce droit souverain, elle ne l'exerce qu'à une condition : c'est que les droits privés seront préalablement satisfaits et indemnisés.

Il est superflu, sans doute, d'énoncer que ce qui vient d'être dit, ne peut s'entendre que des eaux *banales*, et non des eaux appartenant à des particuliers et coulant dans des biefs ou canaux faits de main d'homme.

Maintenant, contre qui devra-t-on procéder pour s'emparer du cours d'eau ?

La Commission répond : Contre tous ceux qui y ont des droits particuliers reconnus par la loi ; contre tous ceux qui avaient, sur ces cours d'eau , des usines, des ouvrages quelconques, ensuite de concessions spéciales et de titres réguliers.

Quant aux communes dont le territoire serait traversé par le cours d'eau, elles n'y ont, par ce seul fait, aucun droit particulier. On n'aura donc point à les appeler comme êtres collectifs, dans la procédure à intenter. Elles n'ont à recevoir d'indemnité que si elles se trouvent dans une condition où un particulier en recevrait lui-même ; comme si la commune avait sur le courant, une usine, un lavoir, une fontaine, ensuite de concession ou titre régulier.

IV.

PEUT-ON ACQUÉRIR, PAR VOIE D'EXPROPRIATION, LE DROIT DE TRAVERSER SOUTERRAINEMENT UN GRAND NOMBRE DE PROPRIÉTÉS, ET D'Y CREUSER DES PUITS DE RECHERCHE ?

Ce qui a été dit jusqu'ici , suffit pour montrer que cette question doit être résolue affirmativement. Il serait dès-lors inutile de rentrer dans les mêmes développements , puisque cette question n'offre pas de difficultés nouvelles. Si la loi permet d'exproprier la propriété entière , à plus forte raison ses dépendances.

Ces principes ont reçu leur application dans la pres-

que totalité des expropriations prononcées jusqu'à
ce jour, et notamment dans toutes celles qui ont eu,
pour objet, des percements de chemins de fer et autres,
et notamment aussi, dans les deux exemples que nous
venons de citer, et qui sont fournis par les villes
de Dijon et de Besançon.

En résumé donc, la Commission est d'avis :

Que l'expropriation pour cause d'utilité publique
peut être appliquée au profit d'un intérêt purement
communal;

Qu'elle peut être appliquée contre des biens communaux ;

Qu'elle peut être appliquée en faveur d'une entreprise dont la destination serait de dériver des eaux de
source pour l'usage d'une ville;

Qu'elle peut être appliquée à des sources;

Qu'elle doit être dirigée contre le propriétaire de
la source, et contre tous ceux qui ont acquis des
droits sur la propriété de la source.

La Commission est d'avis encore :

Que la puissance publique peut s'emparer des
cours d'eau, dans un but d'intérêt public, sauf
indemnité à ceux qui y ont un droit positif et
particulier; mais qu'aucune indemnité n'est due aux
communes comme êtres collectifs, par ce seul fait
que le cours d'eau exproprié traverse leur territoire.

Enfin, la Commission a pensé qu'on pouvait
acquérir par voie d'expropriation, le droit d'ouvrir
un tunnel souterrain, et de l'éclairer par des puits et
galeries de recherche et d'extraction.

§ 2.

Des Oppositions.

Il nous reste, Monsieur le Préfet, pour compléter tout ce qui touche à la quatrième question , à apprécier les oppositions formées contre l'avant-projet de dérivation.

Si la Commission n'avait à vous parler que le langage sévère et absolu du droit , cette question trouverait sa solution dans les considérations qui précèdent. Il est bien évident, en effet , que si la loi autorise l'expropriation, sauf indemnité, les oppositions formées contre cette expropriation , ne sont pas fondées.

Mais là ne se borne pas la mission de l'administrateur. Juge souverain des cas où il devient nécessaire de sacrifier l'intérêt privé à l'intérêt général, il ne se décide à recourir à ce remède héroïque, qu'en vue d'une sérieuse et véritable utilité; il pèse les avantages et les inconvénients, scrute les droits, apprécie les conséquences , et cherche à convaincre et persuader, encore bien plus qu'à contraindre. Il ne fait pas alors de l'administration seulement , il fait aussi de la justice; car il prononce entre des droits rivaux , entre des prétentions contraires; c'est-à-dire que la plus scrupuleuse impartialité devient, en pareil cas , son devoir et sa règle.

S'il fallait en croire les opposants, le projet de dérivation serait un véritable arrêt de mort pour les communes expropriées, et son exécution ne tendrait à rien moins qu'à faire d'un Oasis, un véritable désert.

Suivant les auteurs du projet, au contraire, la dérivation demandée ne léserait nullement les communes réclamantes, et ne laisserait aucun dommage sans réparation. Tout, en effet, se bornerait, suivant eux, d'une part, à substituer la vapeur à l'eau courante, comme moteur, dans quelques établissements industriels, dont plusieurs seraient peu prospères, et auraient occasionné déjà plus d'une ruine ; et d'autre part, à convertir en terres arables vingt ou vingt-cinq hectares de prés.

Entre des assertions si contraires, où est la vérité? La tâche de la Commission consiste à la rechercher, son devoir à la dire.

Le registre d'enquête est, s'il est permis de s'exprimer de la sorte, le champ de bataille sur lequel sont venus se mesurer les adversaires, entre lesquels vous aurez, Monsieur le Préfet, à vous prononcer. A côté de l'objection se trouve la réponse ; en face du mémoire pour, le mémoire contre. C'est sur ce registre, enfin, que les parties ont déposé leur dernier mot ; c'était donc sur ce registre aussi que la Commission devait rechercher l'expression des prétentions rivales qu'elle a été chargée d'apprécier (1).

(1) Le dépouillement du registre a été fait, ainsi que nous l'avons précédemment dit, par une sous-commission spéciale dont M. Permesel, président de la commission d'enquête, a été le rapporteur.

Mais qu'il nous soit permis, avant d'aborder cet examen, d'exprimer le regret qu'a éprouvé la Commission, de voir que ce registre d'enquête se soit chargé d'oppositions faites, pour quelques-unes, dans une forme et avec des expressions qui ne sauraient être approuvées. Un langage moins passionné, plus calme, plus réservé, d'où l'injure, la menace et l'exagération, eussent été repoussées, n'aurait rien ôté aux droits des réclamants, de la part surtout d'hommes justement considérés et dignes de l'estime dont ils jouissent.

La Commission a pensé qu'il ne lui était pas permis de garder, à ce sujet, un silence qui aurait pu passer pour une approbation. Appelée à juger le fond, elle devait juger la forme aussi. Elle a pensé d'ailleurs que le premier devoir des corps administratifs, n'eussent-ils, comme la Commission, qu'une existence de quelques moments, était de rétablir, sinon en blâme du passé, au moins à titre d'enseignement pour l'avenir, les vrais principes et les bonnes doctrines, quand leur violation venait à se produire devant eux.

Il est juste d'ajouter que les oppositions et publications auxquelles s'appliquent les observations qui précèdent, sont en minorité, et qu'un grand nombre d'entre elles se font remarquer, au contraire, par un ton de convenance dont les réclamants ont, en pareils cas, un véritable intérêt à ne pas s'écarter.

Les oppositions faites sont de deux natures bien distinctes.

Les premières procèdent des communes sur lesquelles coulent ou surgissent les sources et cours d'eau à dériver; elles tendent à en empêcher la dérivation.

Les secondes proviennent des communes sous lesquelles le tunnel serait pratiqué ; elles tendent à en empêcher l'exécution.

I.

DES OPPOSITIONS FAITES A LA DÉRIVATION.

Ces oppositions émanent des communes de Neuville et de Cailloux-sur-Fontaine ; nous allons examiner successivement les motifs sur lesquels se fondent chacune de ces deux communes.

Neuville.

En ce qui touche la commune de Neuville, les objections faites consistent à soutenir :

1° Que d'anciens titres émanés des marquis de Neuville, confèrent à la commune, sur les sources qu'on veut conduire à Lyon, des droits de propriété ou de jouissance, en vertu desquels elle peut empêcher cette dérivation.

2° Que cette dérivation détruirait les usines existantes et empêcherait d'en créer de nouvelles.

3° Qu'elle priverait les prairies d'irrigation, et les habitants *des eaux qui leur sont nécessaires.*

A ces objections, les auteurs de l'avant-projet ont répondu :

Que la première est un abus des titres, puisque loin d'attribuer aucun droit à la commune, ces titres se bornent à réserver les droits précédemment stipulés au profit d'autres acquéreurs ;

Qu'en second lieu, il restera une quantité d'eau suffisante, comme force motrice ou moyen de lavage, pour les établissements susceptibles de succès ; et que, si quelques usines venaient à être supprimées, cette suppression serait moins le résultat du manque d'eau, que d'autres circonstances locales, et surtout de la concurrence d'usines mieux situées, dont l'action, due à la vapeur, serait à la fois plus puissante et moins aléatoire ;

Qu'enfin les eaux employées à l'irrigation des prés pourraient continuer à être fournies à tous les ayant-droit, et en quantité égale, au moyen d'un réservoir de compensation ; et que la commune conserverait encore, en cours d'eau formés par des sources, indépendamment de ses fontaines publiques et des sources particulières, un volume d'eau assez considérable pour en fournir, à chaque habitant, *mille litres par jour*.

Appelée à proposer la solution qui doit être donnée à ce débat, la Commission d'enquête n'a pas eu, Monsieur le Préfet, à s'enquérir de l'existence et de la portée des titres invoqués d'une part, et contestés de l'autre ; car cette question n'est pas du domaine de l'administration. L'expropriation aura lieu sur le véritable propriétaire, quel qu'il soit, et l'indemnité sera payée à qui elle appartiendra. C'est une question de noms et d'attribution de propriété, et non une question de principe et d'utilité publique.

La Commission n'a pas davantage à s'occuper du dommage que pourraient éprouver personnellement les usiniers, puisque ce préjudice, à leur égard, se résoudrait en indemnité.

Il en serait de même des propriétaires des prés riverains qui ont un droit d'irrigation non contesté d'un jour par semaine (du 25 mars au 8 septembre). D'après l'avant-projet, les eaux dont ces propriétaires peuvent disposer pourraient leur être laissées, et ils en jouiraient au moyen d'un réservoir de compensation qui serait établi à cet effet (1). S'il en était autrement, il y aurait également lieu à indemnité.

Ainsi et jusque-là nulle difficulté possible.

Un seul point est à examiner par la Commission, savoir : si le projet de dérivation est ou n'est pas de nature à priver les habitants de Neuville des eaux *nécessaires* à leur consommation; car bien que le principe de l'immolation de l'intérêt privé à l'intérêt général soit absolu, et quoique la loi n'y ait mis aucune limite, la Commission néanmoins pense que l'admi-

---

(1) Le partage serait fait ainsi qu'il suit : la source serait divisée en deux parties, l'une d'un septième, et l'autre du surplus. La première partie serait dirigée dans un ou plusieurs réservoirs ayant une grandeur suffisante pour la recevoir, de manière à permettre aux propriétaires d'en user quand bon leur semblerait; faculté qu'ils n'ont pas maintenant, et qui ne pourrait qu'améliorer leur position.

nistration qui doit protection à tous, et plus encore
aux faibles qu'aux forts, par la raison fort simple
qu'elle leur est plus nécessaire, ne doit que dans des
cas rares et extrêmes, franchir, en fait d'expropriation,
la limite du nécessaire, limite qui a quelque chose de
sacré qu'elle semble emprunter à la loi naturelle.

Or, et très-heureusement, tel n'est point ici le cas ;

Puisque, d'une part, le projet ne touche, en
aucune façon, à la source qui alimente les fontaines
publiques de Neuville (1), et encore moins aux puits
que la plupart des habitants ont fait creuser autour
de leurs demeures ;

Et puisque, d'autre part, le projet réserve deux
autres sources comprises dans les premiers jaugeages, et présentant une quantité, *au minimum*,
de 1,700,000 litres par 24 heures ; circonstance que
les opposants ont paru ignorer, et que les auteurs
de l'avant-projet ont peut-être eu le tort de ne pas faire
suffisamment connaître et publier.

Indépendamment donc des eaux dont les habitants
de Neuville jouissent maintenant, et auxquelles, on
le répète, il ne sera pas touché ; il leur restera deux
sources fournissant à elles seules beaucoup plus
d'eau qu'il n'en faudrait à une population qui serait
vingt fois plus forte que celle de cette commune (2) !

---

(1) Ces sources ont été concédées à la commune, pour cet usage
spécial, par Mme la duchesse de Luxembourg, marquise de Neuville,
ainsi que cela résulte d'un acte authentique de donation du siècle
dernier.

(2) La population de Neuville est d'environ 1,800 âmes.

Il est vrai que l'un des mémoires publiés émet la crainte de voir ces différentes sources taries par suite de la dérivation projetée, attendu que ces sources ne seraient elles-mêmes qu'une dépendance de celle de Lavosne. Mais cette crainte n'est pas fondée, puisque la source de Lavosne sera recueillie à la surface du sol, d'où il suit que les infiltrations qui auraient lieu maintenant, et qui iraient former d'autres sources, resteront les mêmes.

Quoi qu'il en soit, la Commission d'enquête, désirant faire disparaître tout sujet d'inquiétude, demande, Monsieur le Préfet, qu'il soit énoncé dans l'ordonnance qui autorisera le projet : que si, contre toute vraisemblance, les fontaines et les puits de Neuville venaient à se tarir par le fait de la dérivation des sources Camille et de Lavosne, la Société devra être tenue d'amener à ses frais, dans les fontaines publiques de Neuville, une quantité d'eau nécessaire à l'alimentation de sa population, quantité qui ne sera pas moindre de cent litres par jour et par individu.

Les habitants de Neuville paraissent craindre, en outre, que la dérivation des sources qui servent, en ce moment, de moteurs à plusieurs moulins et autres établissements industriels, n'amène la ruine et la suppression de ces établissements qu'ils considèrent comme un élément de richesse et de prospérité, et même comme une nécessité, en ce qui touche les moulins.

A cela les auteurs du projet ont répondu :

Que les chutes d'eau qui seront conservées suffiraient pour moudre 40 à 50 sacs de blé par jour, c'est-

à-dire quatre fois la quantité nécessaire à la consommation de Neuville, puisque cette quantité fournirait
quotidiennement trois quarts de kilogramme de
pain à 6,900 individus (1) ;

Que, parmi les établissements industriels, plusieurs
n'utilisent les eaux des sources que pour lavage, et
qu'il leur en restera toujours assez pour cet usage ; que,
quant aux autres, on n'aura, pour leur laisser la vie,
qu'à substituer un moteur nouveau à celui dont ils
seraient privés, ce que les indemnités accordées aux
usiniers les mettraient en mesure de faire ; et qu'il y
a même à remarquer, que ce changement permettrait
de donner aux industries dont il s'agit une extension
que ne comporte pas un cours d'eau ;

Qu'en conséquence, si les établissements dont on
parle sont supprimés, ce sera le fait, non du projet,
mais de la volonté de leurs propriétaires.

La Commission d'enquête ne saurait s'empêcher
de reconnaître que ces réponses, dont elle n'a pu
consigner, dans son rapport, que la substance très
succincte, mais dont elle a vérifié l'exactitude, sont
de nature à calmer des craintes qui ont eu pour
cause, nous le répétons, l'ignorance où les réclamants paraissent être restés des conditions véritables
du projet combattu, et qui a été considéré, par
les opposants, *comme devant priver le pays de toutes
les eaux sans exception dont il jouit* (2).

---

(1) L'un des moulins actuellement existant a pour unique moteur
les sources que le projet réserve. Trois autres de ces moulins sont
mus en partie par ces mêmes sources.

(2) Il est bien vrai que chacun a pu prendre connaissance, à la Pré-

Des oppositions de la commune de Cailloux-sur-Fontaine.

Les observations qui précèdent s'appliquent, en très-grande partie, aux réclamations des habitants de Cailloux-sur-Fontaine, réclamations qui sont également basées sur des faits imaginaires.

En effet, le projet de dérivation doit recueillir le ruisseau de Fontaine à son point d'émergence, à fleur de terre et bien au dessous de Cailloux et de ses maisons, sous lesquelles on se gardera d'aller fouiller, ainsi que les réclamants ont paru si étrangement le craindre.

Si, comme l'affirme le conseil municipal de Cailloux, *cette commune ne renferme pas un pied carré sous lequel on ne rencontre une source tout près de la surface*, le tunnel qui se trouvera beaucoup au dessous, ne pourra recevoir que les eaux dont Cailloux n'aura pas voulu ; que son excédant, ses *restes*, s'il est permis de s'exprimer de la sorte ; à ce point qu'on pourrait presque ici faire aux habitants de Cailloux-sur-Fontaine, la réponse de l'agneau de la fable. Comment, en effet, prendre les eaux dont ils jouissent, si on ne les recueille qu'au-dessous

fecture, des pièces de l'enquête, mais dans une affaire de cette nature qui touche si essentiellement aux besoins de premier ordre d'une population, il eût été à désirer qu'on fût allé au-devant de ses craintes, et qu'on l'eût immédiatement éclairée par quelques publications spéciales mises à sa portée, ne fût-ce que pour signaler les erreurs commises dans les publications qui ont été répandues contre ce projet.

d'eux, et après que ces eaux se sont éloignées, sans retour, de leurs demeures et d'eux-mêmes?

Quant à l'irrigation des prairies, ce qui a été dit de celles de Neuville, s'applique à celles de Cailloux.

En ce qui touche les moulins, les auteurs du projet ont répondu, d'une part, que ces moulins pourront marcher pendant six mois environ avec les eaux provenant des Echets, et moudre pendant ce temps, vingt fois le blé nécessaire à la consommation de Cailloux-sur-Fontaine ; et que, d'autre part, rien ne s'opposera à ce que les quatre moulins placés supérieurement au tunnel, soient conservés tels qu'ils existent, sauf à la Compagnie de dérivation à faire couvrir le bief, qui amène l'eau du ruisseau sur les roues de ces moulins, afin de préserver cette eau de toute souillure, pendant son trajet, du point d'émergence au tunnel.

Suivant les auteurs du projet, la force motrice supprimée inférieurement au tunnel, serait peu importante et pourrait d'ailleurs être remplacée, comme on l'a dit pour les usines de Neuville, par un moteur à vapeur ; ce que les indemnités payées permettraient aux meuniers de faire avec avantage pour eux.

La Commission d'enquête n'a rien de mieux à faire, pour ne pas se répéter, que de s'en référer, en ce qui concerne cette partie des réclamations de Cailloux, à ce qu'elle a dit, à propos des réclamations identiques de Neuville. A même demande, même réponse. S'il y a dommage pour les proprié-

taires de prés, pour les usiniers, il y aura indemnité ;
c'est l'affaire du jury. Quant aux populations, leurs
craintes ne sauraient manquer de disparaître devant
les explications données, et qui ne laissent plus le
moindre prétexte aux inquiétudes qui avaient été
manifestées.

A ce sujet, il convient de faire remarquer que si
quelques habitants de Fontaine ont uni leurs plaintes
à celles de leurs voisins, le conseil municipal de cette
importante commune (dont la population est de 1,600
âmes, bien qu'en session légale, durant le délai
de l'enquête, s'est abstenu de toute manifestation,
ce qui ne serait sans doute pas arrivé, si les griefs
allégués lui eussent paru fondés, car Fontaine est
dans une situation parfaitement analogue à celle de
Cailloux, quant à la dérivation projetée.

La première question ainsi résolue, il convient
d'aborder la seconde, relative aux travaux d'art à
exécuter.

II.

DES OPPOSITIONS FAITES A L'ÉTABLISSEMENT DU TUNNEL.

Ces oppositions ont été formées :

Les unes par la commune de Rochetaillée, et par
quelques propriétaires de celle de Fleurieux ;

Les autres par la commune de Caluire, et par divers habitants de celle de la Croix-Rousse (1).

Les réclamants des communes de Rochetaillée et de Fleurieux, communes qui se trouvent placées au-*dessous* de la galerie projetée, craignent que les travaux à exécuter ne détournent les sources qui existent sur leur territoire;

Les réclamants des communes de Caluire et de la Croix-Rousse, lesquelles sont situées, en grande partie au moins, au-*dessus* du tunnel à établir, craignent de voir leurs puits asséchés par ce tunnel.

Ce sont deux ordres d'idées bien distincts, deux natures de réclamations entièrement différentes et presque contraires, ainsi que nous le ferons remarquer; il convient donc de les examiner séparément.

Des Communes placées au-dessous du tunnel.

Les réclamants appartenant à ces communes craignent, ainsi que nous venons de le dire, de voir les sources qui existent sur leur territoire, détournées, coupées, ou absorbées par le tunnel à établir.

Les auteurs du projet ont répondu, que l'éloignement et l'élévation de l'aqueduc projeté devaient faire cesser les inquiétudes manifestées à ce sujet, et

(1) Il convient de renouveler, en ce qui touche la Croix-Rousse, l'observation déjà faite pour Fontaine. Le Conseil municipal de cette ville s'est abstenu de former opposition au projet, bien qu'il se soit réuni plusieurs fois, pendant la durée de l'enquête.

qu'à tout événement, les eaux qui viendraient à être
supprimées par le fait de la dérivation seraient ren-
dues aux communes, en eaux fluentes amenées du
tunnel, par les soins et aux frais de la Compagnie de
dérivation.

Bien que cette offre désintéressante eût pu sembler
rendre superflu un examen plus approfondi de la
question, la Commission d'enquête n'en a pas moins
pensé qu'elle devait vérifier au fond ce qu'il pouvait
y avoir de réel dans les dangers signalés, et elle a
acquis l'heureuse conviction que la grande cité
lyonnaise pourra se voir dotée des eaux dont elle a
besoin, sans imposer aux populations voisines les
sacrifices qu'elles paraissent redouter.

Et, par exemple, en ce qui touche les communes
qui nous occupent en ce moment, et qui, placées, comme on le sait, près de la Saône, se
trouvent, de la sorte, de beaucoup au-dessous, et à
une distance considérable du tunnel; comment le
percement projeté pourrait-il intercepter les sources
dont elles jouissent?

En effet, ou ces sources, dans leur trajet souterrain, se dirigent du nord au midi en cotoyant le
versant occidental de la colline; mais alors qu'y
pourrait faire le tunnel placé en arrière et qui ne
changera certainement pas le niveau des différentes
couches dont se compose le sol; pas plus que la
direction des eaux, quelle qu'elle puisse être?

Ou, au contraire, ces sources courent perpendicu-
lairement au coteau et à la Saône, et rencontrent pré-

cisément le tunnel sur leur passage, et en ce cas, il en résultera seulement une chose, c'est que l'eau barrée par cet obstacle, le tournera, ainsi qu'elle le ferait si elle rencontrait un fragment de rocher, un corps quelconque qu'elle ne pourrait traverser; elle coulera de haut en bas le long du mur, s'infiltrera dans les terrains inférieurs au tunnel, et continuera son cours. Comment supposer qu'un tunnel placé au milieu des terres puisse intercepter les eaux qui les traversent? Que dirait-on d'un ingénieur qui, voulant les arrêter, prendrait un pareil moyen? car il ne faut pas oublier que le tunnel devra non recueillir, mais exclure les eaux qu'il trouverait sur son passage.

Le tunnel ne changera donc rien à la direction des eaux qui courraient sur un plafond ou sur un point supérieur; encore moins à celles qui se trouveraient au-dessous; rien à celles qui courraient parallèlement; et formerait, tout au plus, un obstacle facilement franchissable, à celles qui traverseraient le sol dans la direction de l'est à l'ouest.

Ainsi, il n'y a rien de fondé dans les craintes exprimées par les réclamants des communes inférieures au niveau du tunnel, auxquelles, à tout événement, on restituerait les eaux qui seraient détournées.

Voyons s'il en est de même de celles manifestées par les réclamants des communes supérieures.

Des Communes situées au-dessus du niveau du tunnel.

Le Conseil municipal de Caluire et quelques habitants de la Croix-Rousse ont paru craindre que les travaux à exécuter ne fussent de nature à tarir les puits indispensables à leurs besoins.

. Suivant eux, il existerait sous le delta entier du plateau Bressan une nappe d'eau, reposant sur un plafond imperméable.

Cette théorie admise, ils craignent que le percement de la galerie, et le creusement des puits de service qu'on sera forcé de pratiquer, ne viennent à couper et perforer ce plafond, et à donner ainsi passage aux eaux recueillies par leurs puits, qui se trouveraient de la sorte asséchés.

Les auteurs du projet ont opposé à cela les raisonnements et les faits que nous allons reproduire :

Les réclamants, suivant eux, auraient confondu l'effet d'une percée souterraine avec celui d'une profonde tranchée à ciel ouvert, oubliant qu'il s'agit d'une simple trouée, très-étroite en tous sens, inférieure de 50 à 55 mètres à la superficie du sol, et de 10 ou 15 mètres aux puits les plus profonds du plateau, distante du versant sur la Saône de 1 kilomètre à 1 kilomètre 1/2.

Quant à la nappe d'eau dont on parle, son existence ne serait nullement vraisemblable ; car, d'après les explorations faites, la masse du plateau serait formée, jusqu'à des profondeurs inconnues, de lits

de sable, de gravier, de galets, entremêlés de pou-
dingues ; et ces couches, toutes plus ou moins perméables, seraient si peu symétriques, tellement
irrégulières, que des puits très rapprochés ont dû
être poussés plus bas les uns que les autres ; et que,
du côté du Rhône, notamment, il faudrait, pour y
trouver l'eau, en abondance, creuser peut-être jusqu'au niveau du fleuve.

Dans la localité même, sur les territoires de Caluire
et de la Croix-Rousse, on aurait donné à plusieurs
puits une profondeur beaucoup plus considérable
que celle des puits voisins, sans nuire à ces derniers.

Enfin, la galerie établie par les Échevins de Lyon,
pour amener à l'Hôtel-de-Ville les sources de la colline qui domine le Rhône près de la Boucle, et les
conduits souterrains qui percent, en tous sens, la
montagne de Fourvières et le promontoire de la
Croix-Rousse, n'auraient pas empêché ces hauteurs
de se couvrir de puits plus ou moins abondants.

Bien plus, les travaux d'établissement des chemins de fer qui ont exigé, à Versailles, des tranchées
à ciel ouvert, et, tout près de Lyon, à la Mulatière,
un percement huit ou neuf fois plus vaste que celui
dont il s'agit, n'auraient eu généralement aucune
influence sérieuse sur les sources, ni sur les puits qui
les avoisinent dans un rayon d'une certaine étendue.

A ces faits se joindrait encore, suivant les auteurs
du projet, l'autorité d'une observation concluante.
Il est reconnu, disent-ils, que les eaux de pluie
pénètrent si lentement au travers des différentes
couches de terrain tertiaire du delta du plateau

Bressan, qu'il leur faut souvent plus d'une année pour accroître les sources à 50 ou 60 mètres de profondeur ; or, si ces eaux éprouvent tant de difficulté à traverser le sol en descendant, combien les déviations dans une direction presque horizontale, que l'on redoute, ne doivent-elles pas paraître difficiles et improbables ! Cette observation qui expliquerait, au besoin, la plupart des faits cités, devrait suffire pour calmer les craintes manifestées.

Ainsi donc, l'exécution de ces puits, non plus que celle du tunnel, ne saurait tarir les puits des réclamants ; ou, si certains puits, les plus rapprochés de la galerie, éprouvaient une altération sensible, il n'en résulterait qu'un dommage réparable peut-être même en nature, c'est-à-dire en donnant, à ces puits, un peu plus de profondeur.

Voilà, Monsieur le Préfet, la substance fidèlement rendue des arguments consignés au registre d'enquête par les auteurs du projet, en réponse aux réclamations de la commune de Caluire et de quelques habitants de la Croix-Rousse.

La Commission comprenant toute l'importance des faits allégués, quant à la profondeur des puits existants, a dû en faire vérifier l'exactitude, et cette exactitude constatée, son opinion s'est trouvée complètement fixée. Il lui a semblé, en effet, impossible de concilier les craintes émises et la théorie sur laquelle elles se fondent, avec ce fait capital et décisif, de l'existence simultanée de puits voisins ayant des profondeurs différentes.

En ce qui touche les travaux à exécuter pour l'établissement de la galerie de dérivation, il a paru bien évident à la Commission que cette galerie ne pouvait exercer aucune influence sur les puits existants dont le fond se trouve, pour presque tous, de dix à trente mètres *au-dessus* de cette galerie.

Il en serait de même, et à plus forte raison, pour ceux dont le fond serait plus bas que le tunnel. Resteraient les puits qui se trouveraient à la même profondeur; mais en quoi, même en ce cas, cette galerie pourrait-elle leur nuire? Car il ne faut pas oublier que les murs de cette galerie devront être construits, comme nous venons de le dire, non pour recueillir les eaux inconnues que la galerie rencontrerait sur son passage, mais, au contraire, pour en interdire l'introduction. Si quelques puits, descendant jusqu'au niveau du tunnel, se trouvaient placés, chose peu présumable, précisément sur la ligne que ce tunnel doit parcourir; ces puits, susceptibles de servir avec avantage pour l'aérage et l'extraction, pourraient être remplacés par des puits pareils que la Compagnie ferait creuser, en échange, à quelque distance.

Il n'existe donc aucune raison pour craindre que les puits de service ou d'aérage soient plus nuisibles que les autres, dont cependant les plus profonds n'ont pas amené le tarissement de ceux qui le sont moins.

La Commission aurait pu borner là cette partie de sa démonstration, mais comme plusieurs personnes d'un incontestable mérite ont paru se préoccuper de la théorie dont nous avons parlé, et qui tend à faire

supposer l'existence d'une nappe d'eau, soutenue, à
un niveau régulier, par une couche de terrain imperméable, nappe alimentant les puits de toutes les
parties supérieures du plateau, il devient nécessaire
de dire aussi quelques mots de cette théorie.

Or, nous devons déclarer que rien, dans l'ordre
des idées, pas plus que dans celui des faits, ne nous
a paru de nature à la justifier.

Comment, en effet, une surface plane et rase,
espèce de coupe *horizontale* et sans bords, retien-
drait-elle l'eau dont on la suppose recouverte?
comment cette eau, au lieu de se faire péniblement
jour par les fissures qui lui laissent les passages dont
elle profite, ne s'épandrait-elle pas en cascades, et
ne coulerait-elle pas sur chacun des deux versants,
tout le long des berges de la colline, où le plafond
dont on parle viendrait, sans doute, prendre fin?

Qu'on incline ce plafond d'eau au nord, au midi,
à l'est, à l'ouest, rien ne pourra expliquer les faits
qui sont remarqués, et l'existence de sources fluant
simultanément de chaque côté de cette colline, à
des niveaux qui varient de 20 à 80 mètres au-dessus des rivières qu'elle sépare. Tous ces faits, au
contraire, sont parfaitement en harmonie avec le
système tendant à faire considérer le plateau dont
le versant occidental fournit les sources à dériver,
comme composé d'un terrain tertiaire de conglo-
mérat, divisé sans doute çà et là, à des distances
et à des niveaux différents, par des couches d'ar-
gile ou autre terrain imperméable. Avec ce système
on comprend que cette masse irrégulière puisse,

ainsi qu'une vaste éponge, absorber les eaux qui
s'infiltrent à la surface et coulent à l'intérieur, jusqu'aux points où la nature et les fissures du sol
leur permettent de se pratiquer un passage qui n'a
d'autre règle que les accidents du terrain traversé.

D'ailleurs, si ce plafond d'eau dont on parle existait, on trouverait partout l'eau au même niveau ;
or, les puits de la Croix-Rousse et de Caluire vont la
chercher, comme nous l'avons dit, à une profondeur qui varie généralement de 50 à 70 mètres
au-dessus de l'étiage de la Saône. Le puits de la
propriété Chalandon, sur le chemin de Montessuis
à la Croix-Rousse, descend à 68 mètres au-dessous
de la surface du sol; un peu plus loin, à 150 mètres de distance, dans la direction du nord au
midi, direction qui est celle que doit suivre le
tunnel, on trouve le puits de la propriété Rivière,
qui a 50 mètres de profondeur; et, entre ces deux
propriétés, à une égale distance à peu près de l'une
et de l'autre, existe un troisième puits, celui de la
maison Loras, qui est *très-abondant* et ne descend
pas à plus de 15 mètres! De telle sorte que, sur une
faible étendue de moins de 200 pas, la profondeur de trois puits est représentée par les chiffres
68 — 15 — 50.

Voudrait-on, pour expliquer ces faits si frappants,
supposer l'existence de plusieurs plafonds placés les
uns au-dessus des autres, et dont les premiers auraient
été nécessairement percés par les puits les plus profonds? mais ce serait avouer qu'on peut impunément
perforer ces plafonds; et d'ailleurs, comment celui

du haut laisserait-il pénétrer, sur les plafonds inférieurs, les eaux venues de la surface du sol? Dirait-
on que les eaux qui coulent sur chaque plafond ont
une origine lointaine et différente? Mais, s'il en est
ainsi, comment expliquer leur parfaite identité sous
le rapport de la composition chimique?

Supposons cependant, pour un moment, l'existence
d'un plafond d'eau unique, et tel qu'on s'est plu à
l'imaginer. Nous dirons, en ce cas : ou ce plafond
d'eau est inférieur au tunnel, et alors ce tunnel
n'y saurait rien changer, puisqu'il ne le touchera
pas; ou il est supérieur, et il en sera de même; ou
le tunnel se trouvera au même niveau, et on ne
comprendrait pas pourquoi il l'assécherait, pourquoi il changerait le régime et le cours des eaux
dont ce plafond serait couvert, à moins qu'on ne
considère ses eaux comme formant une espèce de
rivière, dans le lit de laquelle le tunnel viendrait se
placer! Mais avec cette théorie on n'aurait qu'une
source aboutissant à Lyon, et non, comme cela a
lieu, des sources fluant sur chaque côté des collines
riveraines.

Ainsi tombe forcément la théorie d'un plafond
d'eau, que les puits d'aérage et d'extraction dont on
s'était tant effrayé, ne sauraient perforer, s'il n'existe
pas; et qu'ils perforeraient, s'il existait, sans qu'il pût
en résulter les inconvénients qu'on a paru redouter,
surtout si on a soin, comme on le devra, de les
placer aussi loin que possible des puits actuels.
On ne concevrait guères, en effet, pourquoi ces
puits occasionneraient plus de dommages et d'in-

convénients à ceux qui existent déjà, que ceux-ci, qui sont creusés à des profondeurs très-inégales, ne s'en occasionnent entre eux! Si les puits dont il s'agit, et qui seront très-peu nombreux d'ailleurs, étaient pratiqués pour les besoins ordinaires, on ne s'en effrayerait pas; pourquoi s'en effrayer dès-lors, parce que leur destination est différente? Si l'effet doit être le même, qu'importe l'emploi?

Puis, si, contre toute vraisemblance, ce qu'on redoute arrivait, la Compagnie serait bien obligée, sous peine d'interrompre ses travaux ou de s'exposer à des dépenses considérables d'épuisement, de prendre des moyens efficaces pour luter, s'il est permis de s'exprimer ainsi, les ruptures pratiquées dans ce plafond, réservoir supposé de la nappe d'eau dont on parle (1).

Toutes ces opinions sur la nature du sol et sur les conséquences des travaux à exécuter, étaient celles de l'honorable et savant M. Puvis qui, dans ses nombreuses investigations sur les lieux, avait acquis la conviction manifestée par lui, que les craintes produites manquaient de fondement. Aussi regrettait-il vivement, suivant la touchante et triste expression d'une de ses lettres, de ne pouvoir mener à fin la tâche qu'il avait entreprise avec un courage trop au-dessus de ses forces.

« C'est à vous, écrivait-il le 18 septembre, que je « dois exprimer tous les regrets que j'éprouve de

---

(1) Les moyens à employer, en pareil cas, sont fort connus et ont été pratiqués avec succès en Belgique, pour des travaux qui présentaient des difficultés bien autrement sérieuses.

« laisser notre œuvre inachevée ; il m'est, je puis
« le dire, véritablement douloureux de renoncer à
« apporter mon grain de sable dans la construction
« de ce grand édifice consacré à la santé publique et
« à la prospérité de notre ville de Lyon ; je sens
« trop, malgré vos encourageantes paroles, que ce
« n'est pas à moi qu'il est permis de dire avec le
« poète : *Olim meminisse juvabit.* »

Pourquoi ce cruel pressentiment n'a-t-il pas trompé
notre digne et si regrettable collègue ? Fallait-il donc
que la Providence refusât à cet homme de bien la
jouissance qu'il ambitionnait si vivement (1)?

Ajoutons à cette imposante autorité, celle de
M. Pigeon, le collègue et l'émule de M. Puvis en
science et en lumières. M. Pigeon, consulté sur cette
question, a confirmé l'opinion de M. Puvis. « Je ne
saurais concevoir, dit-il dans une lettre du 23 de ce
mois, comment l'on a pu faire venir des marais de
la Dombe les eaux des sources qui jaillissent sur les
deux flancs du plateau de la Croix-Rousse ; et si le
tunnel projeté pouvait occasionner quelques détour-
nements d'eau, ce ne pourrait être, en tous cas, que
dans ses environs immédiats. »

De ce point de vue géologique si on passe à un
autre ordre d'idées, on est amené à faire la réflexion
suivante : Si les propriétaires du sol sous lequel sera

---

(1) Les travaux auxquels ce savant ingénieur s'est livré pour l'accomplissement de cette mission, qu'il avait pris si fort à cœur, sont
les derniers de sa vie ; il était impossible qu'il terminât plus digne-
ment son utile et honorable carrière.

pratiqué le tunnel voulaient établir, sur ces points, des puits ou des galeries; nul ne pourrait les en empê-cher, dussent leurs travaux intercepter les sources et les puits sur le sort desquels on s'alarme ; or, com-ment ceux qui seraient aux droits de ces propriétaires pourraient-ils être empêchés d'exécuter ce que ces propriétaires auraient eu le droit de faire?

Il y a donc à dire, sur les réclamations faites à ce sujet, que non seulement elles reposent sur des craintes sans fondement probable, mais encore qu'elles ne s'appuient sur aucune espèce de droit; ce qui n'a pas dû empêcher, nous nous empressons de le dire, la puissance publique de les peser avec soin ; parce que, si elle est la gardienne du droit, elle est également la protectrice des intérêts.

Ajoutons au surplus, en ce qui concerne la Croix-Rousse qui doit participer au bienfait réclamé pour l'agglomération lyonnaise, que cette ville est plus que désintéressée dans la question des puits, car mieux vaudra sans doute, pour son intéressante et laborieuse population, avoir des eaux fluentes, que de puiser péniblement celles dont elle a besoin, dans les entrailles de la terre; d'autant plus que ces eaux, ainsi que nous l'avons démontré, lui reviennent beaucoup plus cher que ne lui reviendront celles qui seront amenées dans les maisons des habitants.

Il n'y a donc pas lieu à s'arrêter devant des craintes que condamnent, à un égal degré, la science, l'expé-rience et la raison, lorsqu'il s'agit surtout de pour-voir au plus urgent, au plus impérieux des besoins d'une grande cité. Il faudrait renoncer à toute entre-

prise d'utilité publique, aux canaux, aux chemins
de fer, aux simples routes, si on voulait parer à
toutes les éventualités! Il convient, en pareil cas, de
réparer les dommages appréciables, et c'est ce qui
devra être fait pour tous ceux auxquels donnerait
lieu la mise à exécution du projet de dérivation.

Il résulte de tout ce qui précède :

Que le projet ne touche pas aux sources qui servent
actuellement aux usages domestiques de Neuville, et
réserve, au contraire et en outre, deux cours d'eau
fournissant à eux seuls un volume qui suffirait aux
besoins d'une population de 30 à 40 mille âmes ;

Que si les propriétaires qui ont des droits d'irrigation veulent les conserver en nature, le projet leur
en laisse la faculté, et qu'à défaut, le dommage qui
leur serait fait donnerait lieu à indemnité ;

Que les moulins que le projet laisse subsister suffisent et au-delà aux besoins de la population ; besoins au sujet desquels on doit être d'autant plus
rassuré qu'il s'agit d'une localité voisine de la Saône
et à proximité du marché de Lyon (1) ;

(1) C'est aussi ce qu'a pensé la Commission d'enquête du département de l'Ain :

« En ce qui touche Montanay, dit le Rapport de cette Commission,
Rapport imprimé à la suite du présent,

« Considérant que des différentes sources qui fluent sur le terri-
« toire de Neuville, une seule, celle de Lavosne, devant disparaître
« immédiatement, et celles qui se trouvent exclues du projet de déri-
« vation devant continuer à couler à ciel ouvert, *il restera une force*
« *motrice suffisante pour que les populations voisines n'éprouvent, au*
« *sujet de leurs moutures, ni difficultés, ni renchérissement, etc....* »

Ainsi la Commission d'enquête du département du Rhône se trouve

Que le projet ne tend nullement à détruire les usines dont la présence peut intéresser la prospérité du pays, mais simplement à substituer, pour quelques-unes d'elles, un moteur à un autre, avec cette circonstance que ce moteur nouveau permettra à ces industries un développement qui n'aurait pas été possible avec l'ancien ;

Que l'interception des sources de Cailloux est impossible, puisque, d'une part, le tunnel doit passer hors de son territoire, à 1,500 m. du village, et à 25 m. au-dessous de son sol, tandis que les sources de cette commune, ainsi qu'elle le déclare, sont à *sa surface*, et puisque, d'autre part, il ne sera rien changé au niveau actuel du ruisseau de Fontaine jusqu'à son entrée dans le tunnel, la Compagnie devant se borner à couvrir son lit jusqu'au point où il rencontrera la galerie ;

Que pour cette commune, comme pour les autres, les droits d'irrigation seront maintenus ou remplacés par des indemnités ;

Que la distance et l'élévation auxquelles la galerie de dérivation se trouvera placée sont telles qu'il n'est pas raisonnable de supposer que les sources de Rochetaillée et de Fleurieux puissent être détournées par suite de l'établissement de cette galerie ;

en communauté d'opinions et de conclusions avec celle qui a été nommée pour résumer l'enquête ouverte dans le dép. de l'Ain, dont deux communes doivent être traversées par la galerie projetée, et dont une jouit des sources de l'un des cours d'eau à dériver. La Commission doit d'autant plus se féliciter de ce résultat, que le dép. de l'Ain n'est pas, comme celui du Rhône, intéressé au succès du projet.

Que les raisonnements, d'accord avec les faits, excluent la crainte de voir le plateau de Caluire et de la Croix-Rousse asséché par le tunnel et par les puits pratiqués pour en faciliter la construction.

Néanmoins la Commission est d'avis que le projet ne doit être autorisé qu'à la charge par la Compagnie, de *restituer* à ses frais, en nature, aux communes situées sur le parcours du système de dérivation, inférieurement à l'aqueduc, les eaux nécessaires *aux besoins domestiques*, dont il serait reconnu qu'elles auraient été privées, par suite des travaux exécutés pour la dérivation projetée, en fixant à l'avance les eaux *nécessaires*, à la quantité de cent litres par individu; sans préjudice, bien entendu, des indemnités qui seraient dues à ceux qui auraient un droit quelconque sur les eaux dérivées, tels qu'usiniers, propriétaires de prés, etc., le tout conformément à la législation existante.

CONCLUSION.

En conséquence, pour les motifs et aux charges qui précèdent, la Commission d'enquête est d'avis sur la quatrième question :

D'une part, que la loi permet l'expropriation demandée, et d'autre part, qu'il n'y a pas lieu à s'arrêter devant les oppositions faites à cette expropriation, ou, ce qui est la même chose, à l'avant-projet de dérivation.

Cinquième Question.

LA FOURNITURE DES EAUX NÉCESSAIRES A L'AGGLOMÉRATION LYON-
NAISE DOIT-ELLE ÊTRE CONCÉDÉE A UNE COMPAGNIE MOYENNANT
UN TARIF CONVENU, OU BIEN FAUT-IL PRENDRE, SUR LES DENIERS
COMMUNAUX, LES FONDS NÉCESSAIRES POUR L'ÉTABLISSEMENT DE
CE SERVICE ?

Cette question, Monsieur le Préfet, est une des
plus ardues et des plus controversées de toutes celles
qui composent le domaine de l'économie politique.
Nous n'en traiterons que la surface, en nous restrei-
gnant rigoureusement à ce qui touche le sujet qui
nous occupe.

Les travaux publics s'exécutent de trois manières :

Ou par les soins de l'administration et sur les
fonds dont elle dispose;

Ou par les soins et sur les fonds de l'industrie
privée, abandonnée à elle-même ;

Ou encore avec les ressources combinées de l'industrie privée et de l'État.

Ces travaux sont payés :

Dans le premier cas, par l'impôt ou l'emprunt;

Dans le second, par une concession, c'est-à-dire

par les consommateurs immédiats, et au fur et à mesure de la consommation.

Dans le troisième, aussi par une concession de péage, mais avec une subvention ou une garantie de minimum, et quelquefois même avec l'une et l'autre.

De ces modes divers, quel est celui qui doit être préféré? C'est ce que nous allons examiner. Mais avant, il convient de faire remarquer qu'il ne s'agit point, dans cette discussion, de travaux ordinaires et courants, de travaux dont le présent seul jouit; mais bien de grands travaux publics appelés à doter l'avenir, d'établissements durables et que les générations sont destinées à se transmettre.

Ces travaux doivent-ils être exécutés par l'administration, et au moyen de l'impôt?

La négative paraît avoir été universellement résolue; il semblerait trop peu juste, en effet, d'écraser exclusivement le présent au profit de l'avenir. Rien n'est plus convenable, lorsqu'on lègue à la postérité, des établissements d'utilité publique, que de lui léguer, en même temps, une partie des charges auxquelles ils ont donné lieu, et de répartir ainsi la dépense proportionnellement à la jouissance. Le contraire ne serait pas plus juste, qu'il ne le serait de faire peser l'impôt sur une partie du pays, et d'en exempter l'autre. Quand le présent seul jouit, le présent seul doit payer; quand l'avenir est appelé à partager la jouissance, il doit être appelé à partager la dépense. Si ce mode de procéder a l'incontestable mérite d'être juste, il convient d'ajouter que la nécessité est

encore là pour en faire une loi. Les charges courantes sont telles, en général, que les villes et les
gouvernements ont beaucoup de peine à y suffire ;
et ce serait s'interdire toute amélioration, ce serait
s'imposer à jamais la privation de tous les grands
établissements dont la nécessité se fait sentir, que de
les demander à l'impôt, qui a peine, nous le répétons, à faire face aux besoins ordinaires.

Partout on a compris ces vérités, ou plutôt subi
cette nécessité ; partout, dans les gouvernements
constitutionnels comme dans les gouvernements ab-
solus, on a recours, pour les grands établissements
publics, à l'emprunt direct, ou au mode de concession, qui n'est autre chose qu'un emprunt indirect
et à chances plus ou moins aléatoires. Nulle part
l'impôt, qui est la ressource du moment, n'est appelé
à faire face à autre chose qu'aux besoins du moment ;
heureux lorsqu'il y peut suffire ; heureux quand
l'emprunt n'est pas obligé de venir à son secours et
de suppléer à son insuffisance ; ce qui est, dans ce
cas, une charge léguée sans compensation à la postérité ; autre sorte d'injustice qui explique, sans les
justifier, les banqueroutes séculaires par lesquelles
les peuples sont appelés parfois, lors de ces grands
inventaires qu'on appelle révolutions, à déposer leur
bilan, à liquider leur position, et à faire cesser un
mensonge qui ne trompe plus personne.

La question d'impôt ainsi écartée, il reste à savoir
s'il convient de recourir à l'emprunt direct, c'est-à-
dire avec obligation de rembourser en capital et intérêts, dans un temps déterminé, et à des conditions

fixes et absolues; ou à l'emprunt par concession, c'est-à-dire avec délégation sur la consommation ou la jouissance; ou bien enfin à ce système mixte qui consiste dans la concession avec subvention et garantie de minimum.

Nous pensons, qu'à ce sujet, on ne saurait poser de règle absolue, et que la solution d'une pareille question dépend moins de l'application des principes généraux que des circonstances dans lesquelles se trouvent les villes ou gouvernements qui sont obligés de recourir à l'un de ces moyens; de la situation de leur dette, de l'état de l'industrie, de la nature des travaux à exécuter, et de mille autres circonstances locales et particulières propres à exercer une influence souvent décisive dans tel ou tel cas donné. Seulement, il ne faut pas oublier que l'emprunt est un moyen extrême, et dangereux quand on en abuse, et qu'hypothéquer ainsi outre mesure l'avenir, c'est l'exposer à l'une de ces grandes expropriations dont la fin du siècle dernier a vu un si terrible exemple.

Il est bon sans doute qu'un état ait une dette; il est bon qu'il attache plus intimement par là, à sa destinée, un nombre considérable de citoyens influents: il est bon qu'il recoure à ce moyen énergique, bien que volontaire, de décentralisation des capitaux; mais il faut en même temps qu'il se rappelle que l'emprunt mène fatalement à la banqueroute, puisqu'il tend à rompre l'équilibre entre les charges et les ressources.

Les villes qui éprouvent tous les inconvénients de

l'emprunt, ne jouissent qu'à un très-faible degré des avantages politiques qu'en retirent les gouvernements; elles doivent donc être bien plus sobres encore de ce moyen d'action, et il ne doit vraiment leur être permis d'y recourir que dans la mesure de leurs ressources ordinaires, de manière à équilibrer leurs dettes avec ces ressources.

C'est dire, Monsieur le Préfet, que le système de concession est celui qui semble le plus conforme à leurs intérêts. Ce système a cela d'admirable, en effet, qu'il proportionne exactement le salaire au service rendu, et fait payer la chose consommée par le consommateur, et au moment de la consommation. Impôt admirable de justice et de mesure qui devrait servir de modèle à tous les autres.

Les gouvernements eux-mêmes sont entrés largement dans le système de concession à l'industrie privée; de toutes parts elle est mise à contribution; les gouvernements dirigent ce grand mouvement; ils utilisent ces forces puissantes et se posent arbitres entre ceux qui produisent et ceux qui consomment, de manière à garantir les intérêts de tous.

Quand les charges semblent trop lourdes, les chances trop aléatoires, les gouvernements aident, subventionnent, garantissent, mais ils ne font pas, et ils parviennent de la sorte à faire faire librement, à des peuples libres, et dans quelques années, ce que le despotisme et l'esclavage romain, tant cités cependant, sous ce rapport, auraient eu peine à exécuter dans quelques siècles.

Grâce à cet admirable système de concession, un

pays peut *simultanément*, et comme par enchante-
ment, se couvrir d'établissements d'utilité publique,
sans affecter le moins du monde l'équilibre de ses
finances. Par ce moyen, les capitaux soumis à une
décentralisation active et volontaire, s'en vont d'eux-
mêmes raviver les extrémités sociales toujours dé-
nuées, par suite de cette loi de nature qui attire tout
au centre; de sorte que l'intérêt privé devient l'auxi-
liaire le plus actif de l'intérêt général. Admirable
combinaison, bien digne de celui qui a su faire
converger vers un but unique, toutes les forces de la
création.

Nous devons ajouter que si les villes et les gouvernements peuvent, dans certains cas, comme cela
vient d'arriver pour les grandes lignes de chemins
de fer, recourir à un système mixte, ils ne doivent le
faire que lorsqu'il leur a été bien démontré qu'il est
impossible d'abandonner l'industrie privée à elle-
même. Il est juste, en effet, qu'en courant les chances
bonnes, l'industrie coure les chances mauvaises.
Les gros risques font la moralité des gros profits.

On a dit, Monsieur le Préfet, qu'un service qui
tient une place aussi importante dans les besoins
d'une grande cité, devrait être exécuté par son
administration, et ne pas être abandonné à l'esprit
de spéculation. Autant vaudrait dire que l'administration doit vendre à la population le pain dont elle
se nourrit, le bois dont elle se chauffe, le gaz qui
l'éclaire, les vêtements qui la couvrent; car ces services aussi tiennent une place non moins importante

dans les besoins de la population. A ce compte, il faudrait que l'administration se chargeât de l'entretien général, et prît, s'il nous est permis de nous exprimer de la sorte, le monde entier en pension.

Telle n'est pas sa mission ; il ne convient ni à un gouvernement, ni à une ville de se faire marchands ou spéculateurs ; un budget n'est pas un compte de fonds ; un maire n'est pas un marchand; administrer, ce n'est pas trafiquer. L'administration doit faire face aux besoins publics, et non livrer aux particuliers, à prix d'argent, les différents objets nécessaires à leur consommation. Elle doit fournir tout ce qui se donne, et rester, autant que possible, étrangère à tout ce qui se vend ; ne fût-ce que pour éviter aux prestations ou péages dont seraient frappés les établissements créés, ou les objets fournis, le cachet impopulaire de l'impôt; ne fût-ce que pour conserver ses mains pures, nous ne dirons pas, de toute tache, mais de tout soupçon.

De bons esprits, des hommes fort droits d'ailleurs, confondant, ce qui arrive trop souvent, l'abus avec la chose, nourrissent contre *l'esprit de spéculation*, des préventions dont il appartient d'autant plus à la Commission d'enquête de démontrer le peu de fondement, que ces préventions semblent avoir dicté la plupart des récriminations dont le registre d'enquête est couvert; elle se le doit aussi à elle-même, pour justifier la mesure qu'elle propose d'admettre ; ce qu'elle eût dû se garder de faire, si l'esprit de spéculation méritait, à un titre quelconque, la réprobation dont nous parlons.

Permettez-nous donc, à cet égard, Monsieur le Préfet, d'entrer dans quelques développements, moins étrangers qu'on ne pourrait le croire, au sujet qui nous occupe.

L'esprit de spéculation, sainement entendu, est, il faut bien le reconnaître, l'agent le plus actif de la civilisation ; il anime et soutient le génie industriel qui invente et dispose, le travail qui exécute et produit, le commerce qui échange et transporte : l'industrie, le travail, le commerce, ces trois grandes nourrices du genre humain ! Cause première de tout bien-être, de tout progrès, il n'est pas un objet à notre usage qui ne soit sa conquête, pas une découverte utile à l'humanité qu'il n'ait inspirée ou fécondée. C'est lui qui nous alimente et nous vêtit ; c'est lui qui couvre nos mers de navires, et nos routes de voitures ; c'est lui qui éclaire nos villes avec le gaz, et sillonne nos fleuves avec la vapeur ; c'est lui qui répand partout la vie et le mouvement, et met en rapport les nations avec les nations, les hommes avec les hommes. Si donc l'esprit de spéculation n'existait pas, il faudrait se hâter de le créer, car, sans lui, la vie et le sang se seraient bientôt figés dans les veines sociales ; sans lui, la science ne serait plus qu'une lettre morte, la théorie un flambeau éteint, et l'art une idée muette, inféconde et sans traduction. En effet, les pays et les époques où on le vit fleurir furent généralement des pays et des époques de spéculateurs et de marchands.

On a remarqué que les hommes et les idées étaient plus spécialement élevés sur les points où règne et domine l'esprit spéculateur et aventureux. Or, n'est-il pas raisonnable de penser que tout ce qui porte aux grandes choses est grand?

Là, au contraire, où tout se fait terre à terre, et de la main à la main, l'homme s'étiole et se diminue; car notre âme se modèle presque toujours sur notre horizon; elle se retrécit, s'il est étroit; elle s'agrandit, s'il est grand. L'envie, qui rappetisse tout, traverse plus aisément la rue que les mers et l'espace.

Les hommes supérieurs ont deviné depuis long-temps ces vérités qui ressortent évidentes de tous les actes principaux de la vie des peuples. On citerait peu de faits politiques importants, peu de guerres, peu de traités de paix qui n'aient eu pour cause directe ou indirecte des questions de commerce, d'industrie ou de spéculation; or, le commerce, l'industrie et la spéculation se touchent par tant de points, que s'ils ne sont pas une seule et même chose, il sont au moins frère et sœurs.

C'est pour escorter les vaisseaux marchands ou spéculateurs que les vaisseaux de guerre sillonnent les mers? c'est pour défendre ou venger le commerce que marchent souvent les armées les plus considérables. Et, s'il en est ainsi, c'est que les peuples, aussi bien que les gouvernements, ont compris que l'esprit de spéculation est, à vrai dire, le génie de la civilisation; et ils le protègent et le défendent, parce que c'est lui qui les fait vivre et prospérer (1).

(1) Nous savons que l'esprit de spéculation prend sa source dans

13

Personne n'aura confondu, nous le pensons, l'esprit de spéculation qui crée la richesse publique et qui mérite toutes les sympathies qu'il obtient, avec l'esprit d'agiotage qui se borne à déplacer la fortune particulière, et qui est digne de toute la réprobation dont il est l'objet; l'agiotage qui n'est autre chose qu'un jeu souvent déloyal et coupable, et presque toujours funeste ou dangereux.

Mais quel rapport peut-il exister entre un pareil jeu justement condamné, et une spéculation de la nature de celle qui nous occupe, et qui a pour effet de pourvoir à une grande nécessité publique? Dans une affaire de ce genre, tout est éventuel et aléatoire: incertitude sur la dépense, incertitude sur les produits; et par conséquent compensation des chances bonnes par les chances mauvaises. Ce sont de pareilles spéculations qu'il faut encourager, parce qu'elles sont morales et dignes; parce que, bien qu'inspirées par l'intérêt privé, elles ont, sinon pour but, au moins pour fin, l'intérêt général. Les opposants à l'avant-projet n'ont pas pu sérieusement craindre que vous donnassiez la main, pas plus vous,

l'amour de soi; mais quel est l'acte humain qui ne procède de ce sentiment qu'il ne faut pas confondre avec l'égoïsme, qui n'en est que l'exagération et l'abus.

Les passions, suivant la belle expression de Pope, sont le vent qui nous pousse et nous fait marcher; la raison, le pilote qui nous conduit. Sans l'amour de soi, l'homme mourrait en naissant, ou plutôt aurait bientôt cessé de naître. Ce sentiment n'est autre chose que l'instinct de conservation propre à tous les êtres, et sans lequel ils succomberaient chaque jour, à chaque instant; il est la cheville ouvrière de la création, et le calomnier, c'est calomnier le Créateur.

Monsieur le Préfet, que l'autorité municipale, à une entreprise qui n'aurait pas ce caractère évident et exclusif (1).

Si de ces considérations générales, et qui nous ont peut-être trop longtemps arrêtés, nous reportons nos regards sur la situation financière de la ville de Lyon, nous y trouverons des motifs particuliers pour nous faire penser que l'administration doit écarter toute idée d'emprunt, et appeler à son aide l'industrie et les capitaux privés.

La dette de la ville, en effet, est déjà considérable, et vous savez, Monsieur le Préfet, que ses demandes d'emprunt ne sont que fort difficilement accueillies par le gouvernement.

Une demande de cette nature aurait d'autant moins de chances de succès, qu'on ne manquerait pas d'objecter que déjà la ville avait contracté, il y a longtemps, un emprunt pour l'établissement d'un service d'eaux, emprunt qui a été détourné de sa destination, ainsi que nous l'avons dit en commençant.

De tout ce qui précède, doit-on conclure qu'il faille accepter purement et simplement l'avant-projet et le tarif qui y est joint? Non assurément. Il ne faut pas oublier, en effet, que la Commission n'a dû

(1) Toutes les publications dirigées contre le projet, toutes, ou presque toutes les oppositions mises à son exécution, partent de ce point, qu'il ne s'agit que d'une affaire d'intérêt privé qui se cacherait sous le manteau de l'intérêt général, mais qui serait loin de lui profiter.

s'occuper de cette partie de la question qu'en principe.
Son travail est un rapport et non un traité. Quand
viendra le moment de l'application , l'administration
aura à discuter les chiffres et les conditions. Il était
impossible à la Commission, dans l'ignorance où elle
est des charges et conditions des traités à intervenir,
de se former une opinion pratique; car il est bien
évident que le tarif, par exemple, n'a de valeur et de
signification réelle que comparaison faite avec les
autres conditions des traités à faire ; et dont l'initia-
tive appartient à l'administration municipale.

Certainement si la Compagnie devait parvenir à
vendre, dans un délai peu éloigné, la totalité des
eaux à dériver, ces eaux ne fussent-elles que de 9,000
mètres cubes, le tarif serait alors trop élevé; puisque suivant ce tarif, la Compagnie recevrait chaque
jour, savoir :

1,400 f. prix de 2,000^m vendus à des particuliers, pour
les usages domestiques, à raison de 0 f. 07 c.
l'hectolitre (1).

500 f. prix de 1,000^m vendus à des particuliers, pour
les usages domestiques, à raison de 0 f. 05 c.
l'hectolitre.

600 f. prix de 3,000^m vendus à des particuliers, pour
les usages industriels, à raison de 0 f. 02 c.
l'hectolitre.

300 f. prix de 3,000^m vendus à la ville, pour le service public, à raison de 0 f. 01 c. l'hectolitre.

2,800 f. par jour, soit pour une année f. 1,022,000.

_____

(1) D'après le tarif proposé, l'eau serait vendue, pour chaque mé

Ce qui laisserait à la Compagnie un bénéfice de 700,000 f. par an, en supposant, contre toute vraisemblance, une dépense annuelle de 322,000 f. Or, un pareil bénéfice serait exorbitant.

Mais dans quel temps la Compagnie parviendra-t-elle à vendre la totalité de sa fourniture? c'est là qu'est l'incertitude; c'est ce que l'administration municipale devra examiner; c'est le point qui exercera sans doute la plus grande influence sur sa détermination et sur les conditions qu'elle aura à stipuler. La Commission d'enquête pense que, pour parer autant que possible à ces éventualités, l'administration municipale devra adopter une échelle de proportion qui ferait que les prix diminueraient à mesure de l'augmentation de la quantité d'eau réellement vendue à domicile; article qui constituera plus spécialement les profits de la Compagnie.

La Commission pense aussi que la ville fera très-bien, pour engager les citoyens à abandonner le mode d'approvisionnement, dit gratuit, dont nous avons démontré tous les inconvénients, d'abaisser autant que possible le tarif pour les eaux vendues à domicile, dut-elle élever le prix de celles acquises par elle pour des fontaines publiques.

Et, à ce sujet, qu'on nous permette quelques réflexions sur une tendance qui se remarque dans presque toutes les grandes administrations municipales.

nage n'en consommant qu'un hectolitre, 0 f. 07 c., et 0 f. 05 c. pour chaque hectolitre consommé en sus. On a supposé que les deux tiers au moins des ménages seraient dans le premier cas.

Les villes considérées comme êtres collectifs, possèdent généralement des propriétés qui leur sont particulières : elles ont des maisons qu'elles afferment, des revenus autres que l'impôt ; une richesse qui leur est propre ; ce sont des êtres à part qui se personnifient dans leurs administrations municipales. Quelquefois elles sont plus que propriétaires : elles sont spéculateurs ; elles ont, comme la nôtre, des terrains à bâtir, à mettre en valeur, à faire *mousser*, comme on dit en langage de bourse ; elles se créent de la sorte des intérêts spéciaux, et quelquefois contraires aux intérêts généraux dont elles ont la garde et la direction. Ainsi, par exemple, la ville *administrative*, propriétaire de vastes terrains à Perrache, a un intérêt spécial à porter la vie et le mouvement sur ce point, au détriment de la ville réelle, de la ville administrée, dont la ruine enrichirait ainsi la première.

Cet esprit d'*individualisation* municipale se fortifie encore par suite de l'obligation où se trouve l'administration de lutter constamment contre les exigences et la cupidité de l'intérêt privé ; de sorte qu'on en est arrivé à considérer ce que, dans le langage administratif, on nomme ordinairement *la ville*, comme un être de raison à part, et non pas seulement comme l'ensemble des citoyens et des intérêts.

Cette disposition d'esprit, dont il est fort difficile aux administrateurs municipaux de se défendre, les entraîne dans des écarts de principe qui ne laissent pas que d'avoir souvent de fâcheuses conséquences. C'est ainsi que, lorsque l'administration traite au nom des citoyens, pour une fourniture telle que celle du gaz ou de l'eau, par exemple, elle stipule souvent un prix pour elle, et un prix beaucoup plus élevé pour les citoyens. Elle fait, dans de fort bonnes intentions, ce qui serait un acte d'une coupable et révoltante administration de la part d'un mandataire particulier.

Nous savons bien que la personne des administrateurs est désintéressée dans de pareils actes qui sont faits de la meilleure foi du monde; mais il n'est pas sans inconvénient que, par voie détournée, par voie de *pot-de-vin*, s'il est permis d'employer ici cette ignoble expression, l'administration fasse ainsi mettre à la charge des individus la partie du prix dont elle se fait dégrever, et agisse sciemment, pour eux, autrement et plus mal qu'ils ne le feraient eux-mêmes. Vainement nous dira-t-on que c'est l'intérêt général qui profite, et que ce que les citoyens paient en surplus du prix, il faudrait qu'ils le payassent en surplus d'impôt. Nous répondrons qu'il ne convient pas de blesser la morale et de violer les principes, alors même qu'en résultat, il n'y aurait dommage pour personne. D'ailleurs, cette disposition d'esprit qui tend, en pareil cas, à faire le sort de *la ville* aussi favorable que possible, tend, par une conséquence inévitable, à faire, en même temps, que l'administration défende moins sévèrement les intérêts particuliers qui sont en ses mains. Les Compagnies ont si bien compris cela, qu'en général elles ont fait bon marché aux villes, pour que les villes leur fissent *bon marché* des particuliers. Une pareille combinaison est trop favorable à la spéculation, pour qu'elle n'ait pas quelque chose de nuisible à l'intérêt public. Il est rare que les principes soient violés impunément (1).

Nous ne voudrions donc pas que la ville établit une différence notable entre le prix des eaux qui lui seraient vendues, et le prix de celles qui seraient vendues aux particuliers, parce qu'il n'y a vraiment point de bonne raison pour cela; il nous semble que cette différence doit se borner à celle qui peut raisonnablement exister, entre une fourniture considérable, et une fourniture minime; entre la vente en gros et la vente en détail.

Quoi qu'il en soit, et comme il est bien évident que l'administration municipale ne sera, en aucune façon, liée par l'ordonnance à intervenir, laquelle se bornera à fixer un maximum; comme elle restera toujours libre de demander telle réduction et modification au tarif qu'elle jugera convenable; la Commission d'enquête ne voit nul inconvénient à ce que le tarif présenté soit adopté comme maximum, en réduisant toutefois à 5 c., au lieu de 7, le prix de

---

(1) Nous avons sous les yeux une lettre qui, en parlant d'un projet d'éclairage au gaz d'une ville étrangère, contient ces mots : « La ville « payera 4 c. par bec, et paraît vouloir fixer à 6 c. le prix pour les « particuliers ; *mais si on lui cède sur le premier point, elle se mon-* « *trera accommodante sur le second.* »

Voilà pourtant où les hommes les plus droits peuvent se laisser conduire par de mauvais principes.

Ce qui serait mal de la part d'un tuteur particulier, ne saurait être bien de la part de tuteurs publics ; il n'y a pas deux morales, une pour les individus, une pour les villes.

l'hectolitre à livrer aux ménages qui n'en consom-
meraient qu'un par jour.

La Commission pense aussi que l'entreprise réunit
assez de chances favorables, pour que la ville puisse
se dispenser de lui garantir un minimum d'intérêt,
à moins qu'elle n'obtienne en échange des conditions
de prix et autres équivalentes.

CONCLUSION.

—

Pour tous ces motifs, la Commission d'enquête,
sur la cinquième question, est d'avis :

Que pour la fourniture projetée, le mode de
concession doit être préféré au mode qui consisterait
à prendre, sur les fonds communaux, la somme nécessaire à l'établissement de ce service ; le tout sous
les réserves et aux conditions qui précèdent.

RÉSUMÉ

ET

CONCLUSION GÉNÉRALE.

Nous voici enfin arrivés, Monsieur le Préfet, au terme de la tâche que vous nous avez confiée ; nous eussions vivement désiré pouvoir être moins longs, mais il eût fallu pour cela laisser sans examen quelques faces de cette grande question ; et nous avons cru voir, à l'étendue de votre programme, que vous désiriez qu'elle fût traitée à fond. Il nous a semblé qu'il était nécessaire que le Rapport de la Commission contînt, en résumé, non seulement son opinion, et le résultat particulier de ses études et de ses recherches, mais encore ce qui avait été dit et écrit de plus utile sur ce sujet ; il nous a semblé enfin que vous aviez désiré que la Commission, non contente de fournir à l'administration les éléments de sa détermination, s'appliquât en outre à mettre sous les yeux de la population des communes dont les eaux sont demandées pour le service de Lyon, des renseignements précis et certains, et tels qu'ils fissent cesser de fâcheuses erreurs, et par suite les alarmes auxquelles elles ont donné lieu, et qui, pour être mal fondées, n'en sont pas moins regrettables.

Si, d'un autre côté, vous voulez faire attention au nombre infini de questions qu'il a fallu traiter pour arriver à ce résultat ; à la diversité de ces questions d'art, de science, de législation, de finances, d'administration, d'économie politique ; toutes intimement et nécessairement liées à cette affaire, à ce point que notre travail serait demeuré incomplet, si une seule avait été omise, ce que votre programme d'ailleurs ne nous permettait pas ; vous comprendrez que nous n'ayons pas pu, malgré nos efforts, être aussi courts que nous l'eussions désiré.

Il était d'autant plus convenable que cette importante affaire fût traitée à fond, que c'était le moyen le plus certain de faire cesser de fàcheuses dissidences d'opinion qui se sont produites, à propos de questions insuffisamment étudiées, entre des hommes également distingués, et dont le concours est également nécessaire à l'accomplissement de cette grande œuvre d'utilité publique.

Les motifs qui ont déterminé la Commission dans la préférence qu'elle propose d'accorder aux eaux des sources dont la dérivation est demandée, ont été assez longuement développés pour que nous n'ayons pas à y revenir. Ce n'est pas légèrement et sans avoir grandement médité sur cette question que la Commission a pris une pareille détermination.

La destination naturelle des sources, en général, a paru évidente à la Commission. Leurs principales qualités sont celles qui constituent de bonnes eaux potables ; ce qui indique assez qu'elles nous ont été données à cet effet. Glacières et filtres du pauvre, qui n'a ni glace pour rafraîchir l'eau qu'il boit, ni appareils pour la purifier, les sources sont un des bienfaits les plus précieux de la Providence (1).

Les fleuves, au contraire, ces *grandes routes qui marchent,* sont d'excellents agents de transport ; ils animent et embellissent les pays qu'ils traversent ; c'est assez de cette grande destination, et il ne faut pas leur demander un service pour lequel ils n'ont pas été créés. La sagesse consiste à faire de chacune des choses que Dieu nous a données un emploi intelligent, et il faut avouer que ce serait s'écarter étrangement de ce principe, que de laisser l'eau pure et fraîche qui vient à nous, pour aller chercher l'eau trouble et tiéde qui nous fuit. Aussi, citerait-on difficilement une ville qui, ayant à choisir entre des eaux de source et des eaux de rivière, n'ait donné la préférence aux premières, tant cela semble naturel, tant le contraire à l'air d'un contre-sens.

« Toutes les fois, dit l'ingénieur Borgnis, dans son *Traité des machines hydrauliques,* toutes les fois qu'on peut recueillir une quantité d'eau suffisante pour les besoins d'une ville, et qu'on a la facilité de la conduire immédiatement, par des canaux, dans un réservoir assez élevé pour qu'elle soit, de là, dis-

(1) Les Romains avaient pour les sources une vénération fondée sur la vertu qu'on leur attribuait de rendre la santé aux malades. *Fontium memoria cum sanctitate adhuc extat et colitur : salubritatem enim œgris corporibus afferre creduntur.* FRONTIN.

tribuée dans tous les quartiers, on doit employer ce
moyen ; il doit même être préféré à celui des machines, quand il serait *plus coûteux ;* car les machines sont indispensablement sujettes à de grandes
dépenses d'entretien, de réparations et de renouvellement. Souvent des accidents imprévus les rendent
inactives ou diminuent beaucoup leurs produits, et
enfin, quelle que soit leur grandeur, le produit est
nécessairement très limité et presque toujours insuffisant. »

En admettant même qu'on pût espérer de rendre
artificiellement, aux eaux de rivière, les qualités qui
leur manquent, n'est-il pas plus sage d'employer les
eaux qui sont pourvues de ce qualités ; et pourrait-
on imaginer rien de plus déraisonnable que de chercher ce qu'on a sous la main, et de préférer le doute
à la vérité, l'éventualité à la certitude.

Si ce qui se passe aujourd'hui se fut passé il y a
un siècle ; si le service réclamé eut été organisé alors,
ne serait-il pas cent fois heureux pour nous qu'on
eût, à cette époque, donné la préférence au système
de dérivation ; car, dans ce cas, nous aurions actuellement des eaux pures, limpides, fraîches, parfaitement bonnes, qui nous arriveraient d'elles-mêmes,
et de la même manière que si la nature eût pris le
soin de les faire jaillir, jusque dans nos maisons ;
tandis que si un service d'eau du Rhône eût été établi, nous aurions des eaux manquant des qualités
nécessaires ; des machines depuis longtemps hors
d'usage, d'un renouvellement et d'un entretien dispendieux.

Or, serait-il raisonnable de faire aujourd'hui ce que nous blâmerions nos ancêtres d'avoir fait ?

Si quelques personnes étaient portées à s'étonner de l'importance extrême attachée par la Commission à ce que les eaux qui seront consacrées au service de Lyon soient munies, au plus haut degré possible, de toutes les qualités désirables, nous rappellerions à ces personnes, que l'eau entre dans la composition de tous nos aliments ; qu'elle est notre boisson principale ; celle du pauvre, celle de la femme surtout, même dans les classes riches. Nous leur dirions que le bien, comme le mal, a ses degrés ; et que l'administration n'aurait pas fait tout son devoir en dotant la ville d'une *bonne* eau, si elle eut pu lui en donner une *meilleure*, ne fut-ce qu'à un degré léger, car « c'est un point, comme le dit Hyppocrate, d'où dépend particulièrement la santé. »

Une eau mauvaise est un poison plus ou moins lent, suivant qu'elle est plus ou moins viciée, mais un poison sûr, et dont l'effet, pour se faire attendre, et rester longtemps inaperçu, n'en est pas moins certain. La Commission du conseil municipal, on se le rappelle, l'a dit en termes énergiques, par l'organe de son honorable rapporteur.

Hâtons-nous donc de fournir à la population l'eau qui lui est nécessaire, et donnons-la lui aussi bonne que possible ; car mieux elle vaudra, mieux la santé publique s'en trouvera ; la plus légère nuance, à ce sujet, quand il s'agit d'une population de 200,000 âmes, ne saurait manquer d'une grande importance.

Lorsque la ville de Lyon a sous la main des eaux pures, limpides, fraîches l'été, attiédies l'hiver, propres au plus haut degré à tous les usages domestiques et industriels, placées à un niveau qui permet de les faire parvenir d'elles-mêmes au sommet des cinq sixièmes de nos maisons; des eaux dont la dérivation peut se faire au moyen d'un aqueduc souterrain présentant toutes les garanties de solidité, de durée, de permanence, fallait-il que la Commission conseillât les eaux du Rhône troubles, boueuses, pendant les deux tiers de l'année, chaudes l'été, glaciales l'hiver, pourvues à un degré inférieur des substances reconnues utiles, imbuvables si on ne les soumet à un filtrage d'un succès incertain, et qui ne pourront être élevées qu'au moyen de machines périssables, sujettes à de nombreux accidents, exigeant une dépense considérable et indéfinie d'entretien!

Cela n'était pas possible.

La Commission devait d'autant moins hésiter, que la dépense, comme on l'a vu, n'a rien d'exorbitant, et qu'à tout prendre, notre service sera au nombre de ceux qui, sous le rapport même de l'économie, pourra être placé en première ligne.

On sait qu'à Paris, par exemple, l'eau fournie à domicile par des tuyaux est payée plus de 10 c. l'hectolitre. L'eau à dériver ne coûtera pas plus à la ville de Lyon, que l'eau non clarifiée, non raffraîchie, qui lui est actuellement fournie par la machine hydraulique qui est sur le Rhône.

Il convient de remarquer, à l'avantage du projet, qu'une augmentation de quantité ne ferait subir au-

cune augmentation aux frais de premier établissement, puisque les dimensions de la galerie lui
permettraient d'amener à Lyon plus de 60,000 m.
cubes d'eau, par jour; circonstance dont il importe
de tenir compte dans l'appréciation relative des
dépenses propres à chacun des deux systèmes.

Nous n'avons pas besoin de dire, Monsieur le Préfet,
que ce n'est pas sur les différences si minimes qui
ont été signalées, que pouvaient s'appuyer les déter-
minations de la Commission, mais sur la qualité de
l'eau. Si celle du Rhône lui avait paru meilleure, elle
n'aurait pas hésité à en proposer l'adoption, même
au cas d'une différence beaucoup plus forte dans
la dépense; et par la même raison elle n'hésiterait
pas à conseiller l'emploi des eaux des quatre sources,
alors même que la dépense serait plus considérable;
alors même que les évaluations que nous avons faites,
pour l'un et l'autre projets, ne se trouveraient pas
exactes; alors même, enfin, que les dépenses prévues pour élever les eaux du Rhône, devraient être
moindres, et celles nécessaires à la dérivation des
quatre sources, plus fortes.

Ces imperceptibles différences seraient doublées,
triplées, décuplées; au lieu d'être d'un ou deux
centimes, par an et par individu, elles seraient de
trente, quarante, cinquante centimes, (ce qui est
impossible, du reste, puisque ce chiffre est à peu près
celui du revient net, ainsi que nos calculs l'ont établi,) que nous ne balancerions pas, un seul instant,
à proposer l'emploi des eaux qui seraient reconnues meilleures, ne fut-ce qu'à un degré secondaire;

car la santé publique, on en conviendra, vaut mieux de cinquante centimes, par année et par individu !

On pourrait même dire que l'emploi constant d'une très-bonne eau, quelque soit son prix, (et l'on vient de voir combien ce prix est minime), procurera, par l'amélioration et l'entretien de la santé, dans nos classes laborieuses, une augmentation de force et de travail, une économie de remèdes, qui certainement dépasseraient de beaucoup la somme employée pour leur procurer ce bienfait.

Quant aux questions de quantité et de permanence, vous aurez remarqué, Monsieur le Préfet, qu'elles ont été traitées et résolues aussi de manière à rassurer tous les esprits. Les sources proposées et celles qui les avoisinent suffisent et au-delà, aux besoins du présent, et aux éventualités de l'avenir ; et leur pérennité ne saurait faire de doute pour personne. Tous les étangs de la Bresse et de la Dombe seraient desséchés et mis en culture ; on cesserait, dans ce malheureux pays, *de nourrir du poisson avec de la chair d'homme* (1), que les sources à dériver n'en souffriraient aucune atteinte, ainsi que nous l'avons démontré.

La Commission eût bien désiré qu'un concours pût être ouvert pour l'établissement de ce service ; mais, si on veut bien y réfléchir, on reconnaîtra,

_____

(1) Expression de M. de Mornay, l'un de nos agronomes les plus distingués.

avec elle, que c'est chose véritablement impossible.
En effet, si l'administration exige que les eaux admises à concourir possèdent toutes les qualités signalées comme nécessaires, elle exclut de fait les eaux de rivière qui ne contiennent pas ces qualités; et alors le concours n'est plus qu'une mesure de forme, sans franchise ni dignité.

Si, au contraire, elle admet, à des prix proportionnels, les eaux de différentes natures et qualités, elle fait chose déraisonnable, et presque impie, parce que la population a le droit de prétendre à la meilleure eau, et non point seulement à celle qui coûterait le meilleur marché; car, ainsi que l'a dit l'un des plus honorables membres du conseil municipal de Lyon, M. Faure-Péclet, « la santé publique ne se marchande pas, » surtout lorsqu'il s'agit, comme on l'a vu, de quelques centimes de plus ou de moins, par individu et par année (1).

La liberté que Lyon et les villes suburbaines conservent de traiter avec la Compagnie, pour le service public, et de subordonner ce traité aux conditions qui seront jugées équitables, ne permet pas de craindre que cette Compagnie abuse de sa position; d'autant plus que la voie de l'expropriation

---

(1) La ville fixerait-elle une valeur différente pour chacune des eaux qui seraient présentées? Mais quel ne serait pas son embarras pour en faire, avec justesse et équité, une appréciation relative! Puis si les eaux les moins bonnes étaient acceptées, quelle réduction pourrait compenser les avantages que doit procurer à une grande et populeuse cité, de l'eau de première qualité?

(*Rapport au Conseil municipal*, du **21** avril **1836**.)

resterait sans doute à l'administration, ce qui pourrait la mettre dans le cas d'avoir raison de prétentions qui seraient exagérées. Les termes mêmes de la demande excluent toute crainte de cette nature; la Compagnie ne réclame ni droit exclusif, ni privilége, ni monopole, ni avantages particuliers; mais seulement le droit de céder l'eau dérivée, à des prix qui ne pourraient dépasser un tarif déterminé.

Notre désir de voir une ville chère à chacun de nous, jouir du bienfait qu'elle sollicite; et d'apporter, comme notre regrettable collègue, M. Puvis, notre grain de sable à ce monument consacré à la santé et à la prospérité publiques, ne nous a pas fait perdre de vue, Monsieur le Préfet, les intérêts et les droits de l'intéressante localité qui est appelée à fournir les eaux nécessaires à la grande ville, à la mère commune, dont vivent et s'enrichissent toutes les populations qui rayonnent autour de ce grand foyer.

La Commission s'est vivement préoccupée des plaintes et des réclamations qui ont passé sous ses yeux; elle les a pesées et examinées avec la plus religieuse attention, et si elle vous a proposé de passer outre, ce n'est qu'après avoir acquis la conviction profonde que ces réclamations reposaient, en général, sur des erreurs de fait, et qu'il ne sera porté atteinte, par la dérivation projetée, ni aux droits des particuliers, ni à la prospérité du pays. Elle espère que sa conviction passera dans l'esprit des hommes honorables qui exercent sur ces populations l'influence due à leurs lumières et à leur position; et

qu'ils emploieront désormais cette influence à dissiper des alarmes sans cause ni fondement ; car en
fait, la Commission aime à le répéter, il s'agit uniquement d'amener à Lyon, pour les besoins de cette
grande ville, des sources et cours d'eau connus, dé-
terminés, limités, et non de dessécher le pays, comme
on a paru le craindre ; de sorte que la ville de Lyon
pourra être mise en possession des eaux dont elle a
besoin, sans que les localités où ces eaux surgissent
aient à perdre aucun des éléments de prospérité
dont elles jouissent, sans qu'un seul besoin soit mé-
connu, un seul droit violé.

Vous aurez remarqué, au surplus, Monsieur le
Préfet, que pour bannir désormais toute crainte, à
ce sujet, la Commission a demandé que la Compagnie de dérivation fût tenue de restituer, en nature,
les eaux *nécessaires* aux usages domestiques dont,
par son fait, les communes qui se trouvent sur le
parcours de la dérivation, inférieurement au tunnel,
auraient été privées, et que le projet ne fût autorisé
qu'à cette condition.

Quant au droit d'expropriation, il n'est pas con-
testable ; la loi est claire et positive ; il en est de
même de la jurisprudence, et aucune controverse
raisonnable n'est possible à ce sujet.

Permettez-nous donc de vous le dire en termi-
nant, Monsieur le Préfet, le temps est évidemment
venu de satisfaire aux longues promesses du passé,
à ce besoin universel, impérieux, criant, d'une
population si résignée, si patiente, si oubliée ;

nous ne parlons pas ici de la population de Lyon seulement, mais, ainsi que nous l'avons dit, de l'agrégation lyonnaise tout entière.

Le peuple est peu exigeant. Qu'on lui donne, s'il est possible, un pavé meilleur, un air pur, une eau bonne et suffisante, et il sera satisfait. il s'exagère d'autant moins ses droits, qu'on s'occupe davantage de ses besoins. Le meilleur régime à ses yeux, en effet, est celui qui le rend plus heureux. On peut bien égarer quelques imaginations malades, avec des utopies; mais le peuple, lui, ne s'émeut et ne s'agite que pour un besoin réel et sérieux.

De nombreux millions ont été dépensés pour mille travaux de luxe et d'embellissement, il est temps de songer aux choses utiles, à celles qui font vivre, et dont l'effet se fait sentir tous les jours, à tous et partout. Heureuse l'administration à laquelle cette tâche a été laissée ! c'est une véritable bonne fortune; elle se hâtera, nous en sommes convaincus, d'en profiter: car elle sait que les administrations et les années passent vite ! La véritable popularité est celle qui s'obtient en faisant le bien ; la mauvaise est celle que l'on gagne en flattant les passions. La première est celle qu'ambitionnent les hommes vraiment amis de leur pays. C'est celle, Monsieur le Préfet, dont vous êtes jaloux.

Nous ne remettons pas sous vos yeux les conclusions qui terminent chacune des parties de ce Rapport, vous vous les rappelez sans doute.

C'est en suite de ces conclusions, et pour tous les motifs sur lesquels elles sont appuyées, que la Commission est d'avis, à l'unanimité :

Qu'il y a lieu à donner suite à l'avant-projet, et à déclarer l'utilité publique.

Fait à Lyon, le 23 mars 1843.

PERMESEL, *président*, JAQUEMET-CAZOT, *sécrétaire*, CORCELETTE, JANSON, ACHARD-JAMES, Al. BOTTEX, TROCHU, V^{or} FREREJEAN, Fleury DURIEU, E. MARTIN, L. BONNARDET, *rapporteur*.

Certifié conforme à l'original déposé dans les minute s de la Préfecture.

Lyon, le 22 septembre 1843.

Pour le Préfet empêché :

Le Secrétaire général délégué,

BESSON.

PIÈCES A CONSULTER.

N° 1.

Copie de la lettre remise par MM. les Teinturiers à M. le Préfet du Rhône, pendant l'enquête.

Monsieur le Préfet,

M. votre prédécesseur ayant bien voulu consulter les teinturiers lyonnais, afin de connaître ce qui les intéresse spécialement dans la question des eaux, nous eûmes l'honneur de lui soumettre, au mois de juillet 1838, des observations qu'il accueillit très-favorablement, et, quelques jours après, il eut l'obligeance de nous annoncer qu'il venait de créer une Commission composée de sept personnes, choisies dans différentes branches des sciences, pour juger les qualités respectives des eaux du Rhône et des principales sources de la rive gauche de la Saône.

Cette Commission s'est, en effet, livrée à ce double examen ; en même temps M. le professeur de chimie (appliquée aux arts et principalement à la teinture) de l'école la Martinière, a fait des études sur les eaux de rivière et les eaux de source, dans leur emploi industriel; et plusieurs d'entre nous ont concouru avec lui à des expériences tinctoriales comparatives. Tous ces travaux sont arrivés au même résultat : c'est de confirmer l'opinion que nous avions déjà exprimée à M. votre prédécesseur, en 1838, et de démontrer l'avantage qu'il y aurait, pour l'industrie de la teinture, à posséder dans ses ateliers une eau de source comme celle que nous avions indiquée, joignant à l'excellence de sa nature le mérite, si précieux pour nous, d'être constante dans sa limpidité, dans sa température et dans sa composition.

Une telle eau, Monsieur le Préfet, nous paraît d'autant plus avantageuse à employer, que nous la jugeons par comparaison avec celles qui sont à notre usage, c'est-à-dire avec les eaux variables de nos rivières, ou les eaux dures de nos puits, les unes et les autres chargées fréquemment de matières plus ou moins nuisibles à nos travaux.

Nous n'avons pas besoin de vous expliquer, Monsieur le Préfet, que des variations dans la nature de nos eaux amènent des incertitudes dans nos procédés, compromettent la réussite de nos opérations et causent parfois dans nos manipulations des retards très-préjudiciables à la fabrique lyonnaise, qui n'a qu'un temps limité et très-court pour exécuter la plupart de ses commandes. De là des difficultés entre les teinturiers et les fabricants et des pertes qui se répartissent entre tous les agents de l'industrie. Ces désagréments, que nous éprouvons d'ordinaire à la suite de chaque crue, soit du Rhône, soit de la Saône, nous en avons souffert plus que jamais, pendant et après l'inondation du mois de novembre 1840, qui nous a laissés si long-temps dans l'impossibilité de teindre comme il faut en certaines couleurs, et qui a si bien justifié la demande que nous avions faite à M. le Préfet, en 1838, d'une eau indépendante de celles de nos rivières, qui par conséquent resterait pure quand celles-ci seraient viciées.

Quel service donc ne rendrait-on pas à l'industrie et à la ville de Lyon, en amenant dans son sein et en faisant couler abondamment dans nos ateliers, moyennant un prix modéré, une eau de source, vive, limpide, invariable dans sa nature, et par là même invariable dans ses effets! Ce moyen d'action permettrait aux teinturiers de donner aux soies, en toutes saisons, et malgré toutes les intempéries possibles, cette fraîcheur de nuance et cette égalité de teinte qui contribuent tant à la beauté des étoffes. Comme vous le voyez, Monsieur le Préfet, l'introduction dans notre cité de cette nouvelle espèce d'eau, que ne possèdent pas toutes les villes manufacturières, et qui, à Lyon, n'exclurait aucune de celles qui y existent déjà, ne pourrait qu'assurer et étendre la suprématie de nos fabriques sur celles de l'étranger ; suprématie qui nous est tous les jours plus vivement disputée, et pour la conservation de laquelle, magistrats et citoyens, nous ne devons absolument rien négliger, rien épargner.

Ainsi, Monsieur le Préfet, la considération toute-puissante que nous invoquons auprès de vous, en faveur de cette mesure, c'est un intérêt public, un intérêt non seulement lyonnais, mais français, puisque l'industrie dont le siége est à Lyon a été proclamée par le gouvernement lui-même la *reine de nos industries nationales.*

Déjà les chefs d'ateliers de teinture établis dans la commune la plus considérable de celles qui forment l'agglomération lyonnaise, ont fait une démarche, à ce sujet, auprès du magistrat municipal dont ils sont les administrés. Mais, comme votre autorité, Monsieur le Préfet, s'étend sans distinction sur toutes les parties de cette grande agglomération, et que c'est vous qui représentez parmi nous le Gouvernement, nous croyons devoir faire un appel direct à votre esprit éclairé. En conséquence, nous venons respectueusement vous prier :

1° De considérer comme étant d'utilité publique, et de favoriser, par tous les moyens en votre pouvoir, la dérivation et la distribution prochaines à Lyon d'une eau de source semblable à celles de la rive gauche de la Saône, dont la nature et les propriétés sont établies par des examens et des expériences authentiques ;

2° De vouloir bien aviser, si cette importante amélioration se réalise, à ce que certains quartiers n'en soient pas dotés à l'exclusion de quelques autres, mais que les ateliers des Brotteaux, de Saint-Clair, de Serin, etc., y participent également, afin qu'il y ait parité d'avantages, sous ce rapport, entre tous les établissements de teinture des diverses parties dont se compose l'ensemble de la cité lyonnaise.

Le zèle que vous montrez, en toute occasion, pour le bien public nous est garant du bon accueil que vous voudrez bien faire à nos observations et à notre demande. Pleins de confiance à cet égard, nous vous prions d'agréer l'expression des sentiments respectueux avec lesquels nous avons l'honneur d'être,

Monsieur le Préfet,

Vos très-humbles serviteurs et administrés.

(*Suivent cinquante signatures, inscrites sur le registre d'enquête.*)

N° 2.

Lettre de M. le comte de Virieu, propriétaire à Cailloux-sur-Fontaine, à Satharay, aux Echets, etc., adressée à M. le docteur Imbert, secrétaire de la Commission scientifique créée par M. le Préfet du Rhône, le 22 août 1848, pour faire l'examen des sources dont la dérivation était projetée (1).

Popedières, le 7 janvier 1849.

J'attendais, Monsieur, quelques renseignements précis pour répondre à votre lettre; ils ne me sont pas encore parvenus, c'est ce qui est cause que je ne vous ai pas répondu plus tôt. Je pourrai vous les transmettre, lorsqu'ils

_____

(1) La lettre de M. le Secrétaire, écrite au nom de la Commission, en signalant à M. de Virieu la diminution du ruisseau de Fontaine, lui demandait s'il pouvait indiquer la cause de ce fait, et lui demandait aussi s'il n'avait pas connaissance du résultat d'un jaugeage, fait précédemment, du produit des sources de Cailloux-sur-Fontaine.

me seront parvenus, mais je n'ai pas voulu tarder davantage à vous informer des faits qui sont à ma connaissance, et qui peuvent vous servir de renseignements pour l'important travail qui vous est confié.

Il est très-vrai que la diminution des eaux du vallon de Fontaine a été fort considérable, depuis quelques années; il paraît que de mémoire d'homme on ne les a jamais vues aussi basses. On dit qu'en 1794 et 1795 elles avaient déjà beaucoup baissé, mais moins cependant que dans ces dernières années.

Après diverses alternatives de hausse et de baisse, on les a vu s'élever à leur maximum vers 1827. Elles ont beaucoup baissé depuis lors, mais surtout depuis trois ou quatre ans. J'estime que depuis ce temps la perte a été au moins des deux tiers.

Il a été réellement fait un jaugeage de toutes les eaux de la propriété que j'habite, vers 1807; mais je n'ai pu en retrouver des traces; peut-être que MM. *Villard*, maître pompier, quai Saint-Antoine, ou *Dufêtre,* quai Saint-Clair, qui s'étaient occupés, dans le temps, de ce travail, auraient conservé quelques notes ou quelques souvenirs à cet égard.

J'ai moi-même fait quelques recherches à ce sujet. Je fis dans le temps (vers 1821) un jaugeage imparfait de toutes les eaux qui coulent dans la commune de Cailloux-sur-Fontaine. Je n'ai pas ici ce travail, mais je crois que le total des eaux donnait un volume de 106 ou 108 pouces fontainiers.

Depuis lors, j'ai fait, à deux reprises, un travail beaucoup plus exact sur une seule de nos sources, celle qui sert à entretenir le jeu d'un bélier hydraulique, qui fait monter l'eau des sources inférieures jusqu'au plateau que nous habitons. Lorsque la diminution des sources commença à être telle que je pus craindre que la marche du bélier ne finît par être interrompue, je comptai le nombre de minutes qu'il fallait pour remplir la caisse en fonte qui sert à régulariser la chute des eaux du bélier. Elle se remplissait alors en 11 minutes; la baisse des eaux augmenta, et bientôt il fallut 15 et 16 minutes pour remplir cette caisse; alors le bélier cessa de pouvoir fonctionner. Depuis, la baisse des eaux continuant, il a fallu 20, 25 et même 30 minutes pour remplir cette caisse.

Je n'ai pas la certitude que la diminution des autres sources du vallon de Fontaine ait été la même que celle du bélier hydraulique, mais j'ai lieu de le croire, d'après l'étude que j'ai faite de la localité, les plaintes des meuniers de cette contrée, et les produits du moulin que j'y possède moi-même.

La diminution qui a frappé les sources de Fontaine depuis quelques années semble avoir été beaucoup moindre dans les environs, par exemple, dans le vallon de Sathonnay, où je possède également une partie des eaux qui le traversent; mais il me serait impossible d'assigner aucune cause à cette différence, non plus qu'à la diminution elle-même.

Vous savez, Monsieur, quelles sont les difficultés que présentent les questions de cette nature, qui commencent seulement depuis un très-petit nombre d'années, à être examinées d'une manière conforme aux exigences de la science moderne. Aussi, dans cette occasion, malgré mes réflexions et les recherches que j'ai pu faire antérieurement, je suis réduit aux conjectures à cet égard.

La première de toutes qui se présente à l'esprit, et *la seule peut-être à laquelle on puisse s'arrêter*, jusqu'à ce que la découverte de quelque fait nouveau fasse naître d'autres idées, *serait d'attribuer la diminution des sources aux sécheresses longues et constantes que nous avons éprouvées*. Dans les commencements, on ne songea pas à y chercher d'autres causes; mais, depuis un an ou deux, la sécheresse n'a plus été telle que l'on ne dût s'attendre à voir augmenter partout les sources, de manière à approcher de leur niveau primitif. Pendant la durée de l'hiver dernier, entre autres, une grande masse de neige a couvert longtemps nos contrées, et n'a ensuite fondu que lentement, circonstances que l'on regarde ordinairement comme les plus favorables à l'accroissement des sources profondes et puissantes : or, l'augmentation des sources qui a suivi a été à peine sensible (1).

On a attribué la baisse des eaux à un tremblement de terre, qui aurait disloqué en partie le sol imperméable qui retient les eaux de nos sources. Je n'ai rien à dire de cette explication, parce que je n'ai aucune connaissance qu'un pareil phénomène ait eu lieu dans nos contrées.

On a aussi supposé qu'un desséchement plus complet du marais des Échets, auquel j'ai pu contribuer moi-même, dans l'intérêt de cette localité, en qualité de syndic des propriétaires du sol, a pu contribuer, par un écoulement plus rapide des eaux, à empêcher la formation complète des sources qui, dans cette hypothèse, devraient leur origine aux eaux reçues dans le bassin de ce marais. *Cette explication me paraît complétement insuffisante ; il n'est en aucune façon à supposer que la couche de terrain qui supporte le marais soit perméable nulle part* ; et d'ailleurs, quelle que fût la puissance du filtre, on ne peut guère croire que de pareilles eaux pussent acquérir l'admirable pureté des nôtres, car on sait combien les eaux qui imprègnent la tourbe conservent, avec obstination, les qualités qu'elles ont acquises en la traversant.

Il serait impossible de signaler aucune cause spéciale à laquelle on pût attribuer la diminution des eaux, dont nous nous plaignons. Aucun creusement de puits, aucuns travaux de terrassement ou de construction n'ont été opérés, auxquels on pût, avec quelque apparence de raison, attribuer le phénomène dont il est ici question. Les progrès graduels

---

(1) L'augmentation n'a commencé à se manifester d'une manière bien sensible, que dans le courant de l'année au commencement de laquelle écrivait M. de Virieu, c'est-à-dire en 1859. (Voyez ci-après la déclaration de M. le Maire de Fontaine.)

de l'agriculture dans le pays ne peuvent avoir exercé aucune influence à ce sujet; moi seul ai opéré dans le pays
quelque défrichement de marécages dans ma propriété,
mais ils ont été en grande partie opérés au-dessous des
sources principales; et, comme il n'a été nulle part percé
de puisards, ou *boitouts*, pour absorber les eaux, la quantité
de celles qui ont coulé à la surface du sol a été augmentée
plutôt que diminuée.

Je ne croyais pas, Monsieur, être entraîné à vous répondre
si longuement; mais j'ai voulu vous faire connaître au
moins ce qui m'est revenu à la mémoire de plus essentiel,
relativement aux questions que vous m'adressez. J'aurais
voulu pouvoir vous fournir des documents plus positifs,
pour aider au travail de la Commission dont vous faites
partie, et dont le résultat sera peut-être la réalisation de
l'un des plus beaux projets qui aient été conçus dans l'intérêt de la ville de Lyon. Mais, n'ayant point ici les notes qui
sont restées à Fontaine, je n'ai pu vous transmettre que ce
que m'a fourni ma mémoire.

Au reste, Monsieur, des ordres seront donnés à Fontaine
pour que tout soit mis sous vos yeux, si vous, ou d'autres
membres de la Commission, croyez devoir vous transporter
sur les lieux.

Recevez, je vous prie, Monsieur, l'assurance de ma considération la plus distinguée.

Comte DE VIRIEU.

N° 3.

Déclaration de M. le Maire de Fontaine, relative au volume
du ruisseau qui coule sur le territoire de cette commune.

Nous, Maire de la commune de Fontaine, département
du Rhône, déclarons que depuis l'époque où M. l'Ingénieur

en chef a procédé au jaugeage du ruisseau de Fontaine, dont le résultat a été consigné dans un Rapport à M. le Préfet, et rendu public, le volume de ce ruisseau a successivement augmenté, dans le courant de l'année 1839, et que l'augmentation réalisée en ce moment (3 mai 1840), est de plus des deux tiers de ce qu'il était alors, quoique, par l'effet du manque presque absolu de pluies pendant les mois de février, de mars et d'avril derniers, les grands cours d'eau, tels que la Saône et le Rhône, soient depuis quelque temps à leur état le plus bas (1).

La diminution qui avait eu lieu sur le ruisseau de Fontaine, de 1832 à 1838, et qui était sans doute la suite naturelle de la diminution soutenue, remarquée dans les quantités d'eaux pluviales tombées dans cette même période de temps, se trouve ainsi réparée par les pluies de la fin de 1838 et par celles plus abondantes encore de 1839, qui ont comblé le déficit des années antérieures. Suivant nos observations, conformes en cela au témoignage des habitants de la commune, que nous avons consultés, le ruisseau de Fontaine est à peu près revenu à son état habituel. Ce fait, que nous attestons en toute sûreté, serait rendu irrécusable par un nouveau jaugeage, s'il était opéré cette année, à la même époque de l'été où fut fait celui que nous avons mentionné plus haut.

En foi de quoi nous avons fait la présente déclaration, pour constater un point sur lequel notre autorité était invoquée.

A Fontaine, le 3 mai 1840.

L. PERROT, *maire.*

(1) C'était précisément le moment où, la ligne de flottaison du Rhône étant descendue au-dessous du zéro de son échelle d'étiage, des curieux allaient sous le pont de la Guillotière pour y voir une pierre mystérieuse qui n'y fait son apparition de mauvais augure qu'après de très-longs intervalles.

N° 4.

Rapport sur le jaugeage des sources de Roye, de Rouzier,
de Fontaine et de Neuville, en 1843 (1).

Lyon, le 28 mars 1843.

Monsieur le Préfet,

J'ai l'honneur de vous transmettre les résultats des jaugeages auxquels, d'après votre arrêté, en date du 16 février 1843, j'ai dernièrement soumis les diverses sources jaillissantes sur la rive gauche de la Saône, et qu'il est question de dériver jusqu'à Lyon, pour le service des besoins industriels et domestiques, ainsi que pour l'embellissement et l'assainissement de cette grande ville.

Ces opérations ont été faites au moyen des appareils que M. Mondot de Lagorce fit construire, il y a déjà quelques années, pour le même usage, et dont il a donné la description dans le rapport qu'il vous a adressé, en date du 24 octobre 1838, concernant les jaugeages que vous l'aviez chargé de faire. M. l'ingénieur en chef Puvis, de si regrettable mémoire, et dont le nom doit être regardé comme faisant autorité en fait d'observations scientifiques, se servit depuis, en 1841, des mêmes appareils, pour les mêmes opérations, et je n'ai pu mieux faire que de suivre les errements de ces deux savants expérimentateurs. J'aurais toutefois désiré contrôler mes opérations par quelques jaugeages directs, que la position de certaines sources permettait d'effec-

(1) Ce jaugeage ayant été fait 9 mois après celui opéré par M. Puvis, et 2 mois après la fin de 1842, année *ordinaire* sous le rapport des pluies et remarquable par les chaleurs de l'été, son résultat ne pouvait manquer d'être pris en grande considération par la Commission d'enquête.

tuer; mais le temps a manqué pour la construction des appareils nécessaires à cet objet; et cette vérification, sensiblement superflue d'ailleurs, a été renvoyée à l'époque où il sera convenable de procéder à de nouvelles expériences.

Les nouveaux jaugeages dont il est question ont été faits à diverses reprises, mais bien après quelques jours d'un temps sec, et de telle sorte que l'on n'eût à mesurer que les produits de sources, sans mélange de filets d'eau superficiels.

Voici les résultats obtenus.

Produits par 24 heures.

Sources de Roye...	1re source . . . 1,412 mètres cubes	
	2e id. 937	»
	3e id. 541	»
	4e id. 450	»
	5e id. 94	»

Total des cinq sources. . . . 3,434 mètres cubes.

Sources de Ronzier 1,784   »

Sources de Fontaine. 5,840   »

Sources de Neuville. Fontaine Camille.. 1,920   »

      Id.   Lavosne . 2,881   »

Ces diverses sources donnent, comme on le voit, un produit total de. . . . . 15,859 mètres cubes.

Il n'est pas sans intérêt de remarquer ici que ces nouveaux jaugeages, faits vers la fin du présent hiver, ont donné des produits inférieurs à ceux des jaugeages que M. Puvis fit au mois de juillet de l'année dernière. Ce fait est d'ailleurs facile à expliquer, si l'on songe avec quelle extrême lenteur l'eau s'infiltre à travers des terrains justement considérés comme perméables, de telle sorte que la saison des grandes pluies y est précisément l'époque de l'étiage d'un grand nombre de sources.

Si quelques-unes des sources expérimentées sont susceptibles d'éprouver des variations notables, comme sembleraient l'indiquer les différences trouvées entre les résultats de divers jaugeages dont la source de Ronzier a spécialement été l'objet, l'on doit cependant admettre que, réunies, elles donnent un produit moyen sensiblement constant. Elles proviennent, en effet, des pluies qui tombent sur le plateau supérieur et s'infiltrent, en proportion constante, à travers le terrain de transport dont est formé ce plateau.

L'on ajoutera qu'un assez grand nombre de petites sources ont été laissées en dehors des précédents jaugeages. Ainsi, par exemple, dans la vallée de Neuville, on n'a expérimenté que sur les deux sources dites fontaines *Camille* et *Lavosne*. Or, le cours d'eau de cette vallée n'est pas seulement alimenté par ces sources; et un jaugeage spécial, exécuté dans l'usine de MM. Rival, où ce cours d'eau est utilisé comme force motrice, a donné pour son produit journalier 6,489 mètres cubes.

Le produit des fontaines Camille et de Lavosne réunies étant de 4,800 mètres cubes, il suit de là que les habitants de Neuville pourraient encore disposer d'environ 1,700 mètres cubes, sans compter les sources dont le produit est actuellement consacré à l'alimentation des fontaines publiques.

Je m'abstiens de tout détail sur la composition, la limpidité et la permanence de température de ces eaux. Ces questions ont été l'objet d'un savant et complet travail, fait par M. le docteur Dupasquier; et il est bien prouvé que si les eaux du Rhône peuvent être employées avec autant d'avantage pour le lavage des rues de la ville et l'alimentation des grandes fontaines, les eaux des sources leur seraient généralement bien supérieures pour le service des besoins domestiques.

J'ai l'honneur d'être avec respect,

Monsieur le Préfet,

Votre très-humble et obéissant serviteur,

L'ingénieur des mines,

G. PIGEON.

N° 5.

Dépenses diverses d'un service de fourniture d'eau du Rhône, à Lyon, calculées dans la triple supposition d'une quantité quotidienne de 9,000, de 12,000 et de 15,000 kilolitres.

FRAIS DE PREMIER ÉTABLISSEMENT.	CALCULS pour une fourniture de 9,000 kilolit. par 24 heures.	CALCULS pour une fourniture de 12,000 kilol. par 24 heures.	CALCULS pour une fourniture de 15,000 kilol. par 24 heures.

GALERIES-FILTRES. Ces galeries, parallèles au cours du fleuve, devraient être divisées dans leur longueur en plusieurs parties, ayant chacune un canal correspondant à l'usine hydraulique, afin qu'on pût faire des réparations à l'une d'elles sans arrêter tout le service. Quant à leur longueur totale, on peut la déterminer approximativement par analogie. Les onze puisards et les deux galeries-filtres de Toulouse, qui peuvent donner ensemble, suivant M. d'Aubuisson, 200 à 240 pouces d'eau de la Garonne (1), occupent toute l'étendue d'un banc d'alluvion ayant 600 mètres de développement. En prenant pour base le produit indiqué par M. d'Aubuisson, c'est-à-dire 4,000 kilolitres ou mètres cubes, on voit que, pour en obtenir 9,000, il faudrait une longueur d'appareils, du même genre, de 1,350 m. Mais les puisards et galeries de Toulouse ont été creusés dans un banc de graviers formé au milieu du lit de la Garonne, tandis qu'à Lyon, ou près de Lyon, on ne pourrait en établir de semblables que sur l'une des rives du Rhône, où le terrain, de formation ancienne, ne serait peut-être pas aussi perméable que le dépôt d'alluvion de Toulouse, dont la création ne remonte qu'à 60 ans. En second lieu, des considérations, relatives à la température de l'eau et développées dans le Rapport, ne permettraient pas, à Lyon, de placer les galeries à moins de 60 m. du fleuve, au lieu de 45 m., distance moyenne existant entre les galeries de Toulouse et la Garonne. Ces deux circonstances ont fait penser à la Commission que les appareils à établir parallèlement au bord du Rhône donneraient un résultat qui ne serait pas, à beaucoup près, le même, proportionnellement, que celui obtenu à Toulouse, et qu'on devait évaluer à 2,000 m., au moins, la longueur des galeries à créer pour recueillir 9,000 kilolitres par jour.

(1) Suivant M. Mondot de Lagorce, qui a été pendant plusieurs années ingénieur en chef des ponts et chaussées, à Toulouse, on ne tire guères de ces filtres que la moitié de cette quantité, soit environ 2,000 kilolitres par jour, les besoins de la ville n'en exigeant pas davantage.

	Fourniture de 9,000 kilol.	Fourniture de 12,000 kilol.	Fourniture de 15,000 kilol.

Achat de l'emplacement. On voit, d'après ce qui précède, que le terrain formant la masse filtrante aurait 2,000 m. de longueur, sur une largeur de 60 m. Mais il est indispensable d'ajouter à cette zone au moins 30 m. de l'autre côté de la ligne des galeries (à l'est), afin d'en éloigner les habitations, précaution sans laquelle les eaux recueillies dans ces galeries seraient infailliblement infectées par les infiltrations provenant des cuisines, des ateliers de teinture et autres, des écuries, etc.

Il faudrait donc acheter un espace long de 2,000 m. et large de 90, soit une étendue superficielle de 180,000 m. carrés, qui ne pourrait probablement pas s'obtenir à moins de 2 francs le mètre carré, prix généralement inférieur à celui du terrain livré à l'agriculture aux environs de Lyon.

Le terrain à acquérir pour le prolongement nécessité par un service de 12,000 m., étant plus éloigné, peut s'évaluer f. 1 75 le mètre, et celui pour un service de 15,000 m., à f. 1 50.

Ainsi le terrain coûterait . . . . 360,000 | 465,000 | 555,000

Dépense de creusement et de construction. La première galerie creusée à Toulouse, sur une longueur de 108 m., dans le banc d'alluvion de la Garonne, a coûté 44,672 francs ; mais cette dépense étant en partie le résultat de l'inexpérience qui a nécessairement présidé à ces premiers travaux, elle doit être notablement réduite, ainsi que M. d'Aubuisson en a exprimé lui-même l'opinion dans les termes suivants (*Histoire de l'établissement des fontaines de Toulouse*) : « Aujourd'hui que nous « sommes éclairés par l'expérience, cette galerie-filtre, telle « que nous l'avons, ne nous coûterait pas la moitié de cette « somme. » Il convient donc d'évaluer la dépense d'un semblable travail à. . . . . 20,000f.

Quant à la dernière galerie-filtre, qu'on a établie dans le même banc de graviers, « en mettant à « profit, dit encore M. d'Aubuisson, les leçons d'ex- « périences assez chèrement payées, » galerie qui a une construction uniforme et des matériaux identiques sur une étendue d'environ 400 m., elle a coûté, y compris le canal indispensable qui conduit ses eaux à l'usine hydraulique. . . . . 67,871 f.

Total pour 508 mètres. . . . . 87,871 f.

En prenant pour base l'étendue et la dépense réunies de ces deux galeries, on voit que celles à établir pour Lyon, sur un développement de 2000 m. coûteraient . . . . , . . 345,000 | |

Pour 1/3 en sus d'étendue, afin d'obtenir 12,000 kilolitres. | | 460,000 |

Et pour 15,000 kilolitres . . . . | | | 575,000

Montant porté ci-après. . . . . . . 705,000 | 925,000 | 1,130,000

	Fourniture de 9,000 kilol.	Fourniture de 12,000 kil.	Fourniture de 15,000 kil.
Montant de ci-devant	705,000	923,000	1,130,000

USINE HYDRAULIQUE. *Machines*. La force théorique nécessaire pour élever 9,000 mètres cubes d'eau, par 24 heures, à la hauteur de 35 mètres (1), est de 49 chevaux-vapeur fonctionnant sans interruption. En comptant 1/4 de déperdition de cette force, pour résistances dans le jeu des appareils, et pour le frottement du liquide contre les parois des tuyaux, sur une longueur d'au moins 1,500 mètres (de l'usine hydraulique à un point ci-après désigné, sur la colline au nord de Lyon), principalement dans les nombreux contours et les coudes qui existeraient sur une aussi grande étendue, on voit que la force effective nécessaire serait celle de 61 chevaux, pour laquelle il est prudent d'avoir deux machines à vapeur, au lieu d'une, afin d'éviter l'interruption complète du service. Et, comme des machines ne sont pas toujours dans un état parfait d'entretien, que celles fonctionnant constamment à pleine charge sont sujettes à réparations, et qu'il suffit du moindre dérangement pour leur faire perdre de 1 à 5 et même de 5 à 10 chevaux de force, on reconnaît qu'il convient d'employer deux machines de 40 chevaux chacune, n'établissant habituellement entr'elles deux que la puissance motrice de 61 chevaux-vapeur, indiquée ci-dessus, et ne consommant de combustible qu'en raison de la force développée.

Pour élever 12,000 m. cubes, il faut une force théorique de 65 chevaux, et effective de 81; — pour élever 15,000 m. c., il faut une force théorique de 81 et effective de 101, qu'il est à propos de diviser de même en deux machines, avec addition de quelques chevaux de force à chacune d'elles, conformément à ce qui vient d'être dit pour la fourniture de 9,000 mètres cubes.

Les deux machines à vapeur, à détente et condensation, pouvant développer une puissance de 40 chevaux chacune, et les deux corps de pompe, destinés à puiser et à élever les 9,000 kilolitres d'eau, par 24 heures, coûteraient environ	60,000		
Les machines à vapeur et pompes, pour 12,000 kilolitres . .		80,000	
Celles pour 15,000 kilolitres.			100,000
Frais de construction de la cheminée, des fourneaux et des points d'appui des machines à vapeur	20,000	25,000	30,000
Bâtiment pour les machines, le logement des employés, celui du directeur, et murs d'enceinte	50,000	50,000	50,000

(1) Cette hauteur représente la différence de niveau entre l'eau des galeries-filtres, à 2 mètres environ au-dessous du plan de l'étiage du Rhône, et le réservoir de distribution placé à 33 m. au-dessus, comme il est dit dans le Rapport.

Montant porté ci-après	835,000	1,080,000	1,310,000

	Fourniture de 9,000 kilol.	Fourniture de 12,000 kil.	Fourniture de 15,000 kil.
Montant de ci-devant.	833,000	1,080,000	1,310,000

CONDUITES, en fonte de fer, pour transporter l'eau de l'usine hydraulique, située à peu près vis-à-vis la Boucle, jusqu'au réservoir établi sous la place du Perron, à 300 mètres de l'Hôtel-de-Ville, réservoir d'où partira le service général de la distribution de l'eau, en ville, par des tuyaux de divers diamètres.

Comme il serait indispensable d'avoir deux conduites séparées, pour que le service ne pût jamais être interrompu par une rupture de tuyau, ou autre événement analogue, le volume d'eau à transporter étant de 104 litres par seconde, soit 52 litres par chacune des deux conduites, il faudrait leur donner $0^m,40$ de diamètre et $0^m,013$ d'épaisseur, ce qui, d'après l'ingénieur Genieys, porterait le poids du mètre courant de chacune à 140 kilogrammes.

140 kilog. de fonte, à 30 f. (1) les 100 kilogram., 42 f. » c.
Frais divers de pose et d'assemblage par mètre
courant. 11   »

Prix total du mètre courant 53   »

Et pour les deux conduites jumelles, 106 f., sur un développement de 1,500 mètres. . . . .

| | 159,000 | 212,000 | 265,000 |

Les deux conduites pour la fourniture de 15,000 kilolitres ne devraient pas avoir moins de $0^m,50$ de diamètre intérieur et de $0^m,02$ d'épaisseur; d'où résulterait un poids collectif d'environ 500 kilogrammes par mètre courant.

PONT-AQUEDUC. Le Rhône, en face de la Boucle, a une largeur de 280 m., un tiers en sus de celle qu'il a sous le pont Morand. Cette circonstance et la nécessité de faire porter le pont-aqueduc (auquel les deux conduites imposeraient une charge énorme) sur des piles assez rapprochées les unes des autres pour empêcher l'oscillation, qui occasionnerait la rupture ou le déboîtement des tuyaux, ne permettent pas d'évaluer ses frais de construction à moins de 1,000 f. par mètre courant, soit en totalité à. . quel que soit le mode adopté, et dans le cas où il ne servirait qu'au transport de l'eau; car, s'il devait être construit pour servir aussi, en même temps, au passage des hommes et des voitures, il est évident qu'il coûterait davantage.

| | 280,000 | 280,000 | 280,000 |

(1) La Compagnie du gaz, à Lyon, paye en ce moment la fonte, pour les gros tuyaux, tels que ceux de 0m.30 de diamètre, 30 f. les 100 kilogrammes, et pour les tuyaux de petit diamètre, 31 f.

	Fourniture de 9,000 kilol.	Fourniture de 12,000 kil.	Fourniture de 15,000 kil.
Montant porté ci-après	1,274,000	1,572,000	1,855,000

	Fourniture de 9,000 kilol.	Fourniture de 12,000 kil.	Fourniture de 15,000 kil.
Montant de ci-devant	1,274,000	1,572,600	1,855,000

RÉSERVOIR DE PROVISION. Il a été expliqué, dans le Rapport, qu'une galerie spacieuse, de plusieurs kilomètres, servant d'aqueduc à un cours d'eau permanent, forme par elle-même un réservoir très-considérable ; mais ce moyen d'avoir une provision d'eau constante n'existe pas dans le système dont il s'agit ici. En conséquence, indépendamment du bassin de distribution, qui est commun à tous les systèmes de fourniture, et qui doit être le point de départ des tuyaux distributeurs, il y aurait nécessité d'établir, non loin de ce bassin, un ou plusieurs réservoirs de provision, pour avoir la possibilité de disposer d'une quantité d'eau supplémentaire dans un cas donné, pour parer à une suspension imprévue du jeu des machines, et aussi pour contenir, pendant le temps où la consommation dans la ville est interrompue, l'eau élevée par ces mêmes machines (1). En admettant que ces réservoirs de provision eussent la capacité nécessaire pour contenir le produit de la fourniture d'eau pendant 8 heures, si l'on considère qu'ils devraient être absolument souterrains, on ne saurait évaluer leurs frais de construction à moins de. . . . .

moins de	150,000	200,000	250,000

Montant des frais de premier établissement, indépendamment de toutes dépenses imprévues . . . .

	1,424,000	1,772,000	2,105,000

(1) On pourrait suspendre le fonctionnement des pompes à vapeur pendant la nuit ; mais la nécessité d'éteindre chaque soir et de rallumer chaque matin le feu des fourneaux occasionnerait, en pure perte, une consommation assez notable de houille.

FRAIS ANNUELS.	Fourniture de 9,000 kilol.	Fourniture de 12,000 kil.	Fourniture de 15,000 kil.
Intérêt, à 4 p. %, sur le capital dépensé pour frais de premier établissement, suivant les chiffres qui précèdent	56,960	70,880	84,200
10 p. % du prix d'achat des machines, pour leur entretien et pour leur renouvellement.	6,000	8,000	10,000
Entretien des fourneaux.	1,200	1,500	1,700
1 1/2 p. % pour frais d'entretien, sur les cinq objets ci-après : — les galeries-filtres, construites en maçonnerie sèche, consistant en briques ou pierres superposées sans mortier, afin de permettre l'introduction de l'eau par leurs interstices, et n'offrant pas dès-lors la solidité de la maçonnerie des réservoirs souterrains, (pour lesquels il n'est porté ici aucuns frais d'entretien) ; — la cheminée, comptée pour 8,000, ou 10,000, ou 12,000 f.; — le bâtiment de l'usine hydraulique; — le pont-aqueduc, — et les grandes conduites jumelles.	12,630	15,180	17,750
1 p. % pour frais de renouvellement périodique des mêmes objets, équivalant à une réfection tous les 100 ans.	8,420	10,120	11,820
Charbon pour deux machines, développant chacune la puissance de 30 1/2 chevaux-vapeur, et consommant collectivement, à raison de 5 kilogr. par heure et par cheval, 7,320 kil. par jour, pour élever 9,000 m. c. d'eau à la hauteur de 35 m.; résultat qui est le même que d'élever 315,000 m. c. à 1 mètre de hauteur, et en vertu duquel chaque kilogramme de houille produit une force suffisante pour élever 43 m. cubes à 1 mètre. —26,718 quintaux métriques de charbon par année, à 2 f. l'un (prix payé durant le cours de l'année 1842, par les établissements pourvus de machines semblables, dans Lyon ou dans ses environs immédiats).	53,436		
Pour élever le volume de 12,000 m. c., chacune des deux machines développant une puissance de 40 chevaux 1/2, on peut calculer la même houille à raison de 4 kil. 3/4, au lieu de 5, par heure et par cheval, ce qui produit une consommation collective de 9,234 kil. par jour; d'où il résulte que chaque kilog. élève 45 1/2 m. c. à 1 mètre. — 33,704 quintaux, à 2 f.		67,403	
Pour élever 15,000 mètres cubes, chaque machine fonctionnant avec une puissance de 50 chev. 1/2, on peut calculer une quantité encore moindre de charbon, c'est-à-dire 4 kil. 1/2 par heure et par cheval; ce qui établit, pour les deux, une consommation de 10,908 kilog. par jour, d'après laquelle 1 kilog. de houille élève 48 mètres cubes à 1 mètre (1). — 39,814 quintaux, à 2 francs			79,628

(1) Les résultats indiqués ci-dessus, 43, — 45 1/2, — 48 m. cubes d'eau élevés à 1 mètre, paraîtront satisfaisants, si on les rapproche des résultats obtenus pour des travaux analogues, si, par exemple, on les compare aux

	Fourniture de 9,000 kilol.	Fourniture de 12,000 kil.	Fourniture de 15,000 kil.
Montant porté ci-après	138,646	173,083	205,078

	Fourniture de 9,000 kilol.	Fourniture de 12,000 kil.	Fourniture de 15,000 kil.
Montant de ci-devant	133,646	173,083	203,078
Huit chauffeurs (quatre pour chaque machine), travaillant deux ensemble, de 8 heures en 8 h. (1), à 1,200 f. l'un, 9,600			
Un mécanicien. 2,400	13,000	13,000	13,000
Un concierge 1,000			
Huiles, graisses et fournitures journalières pour les machines, assurance contre l'incendie du bâtiment, des machines et du pont, et menues dépenses de l'établissement	6,000	7,000	8,000

produits de la machine de Béziers et même de celles de Marly et du Gros-Caillou, fonctionnant pour élever des eaux de la Seine, sous les yeux de la haute administration et des premiers ingénieurs du pays, et consommant de la très bonne houille. (Voyez les *Annales des mines*, t. 12, p. 77). Sans doute, s'il était possible de n'employer qu'une seule machine, au lieu de deux, qui sont indispensables pour la sécurité du service de fourniture d'eau, on pourrait économiser encore sur le combustible et consommer notablement moins de 4 k. 1|2 de houille, par cheval et par heure. Et si le service dont il s'agit comportait l'emploi d'une machine de plusieurs centaines de chevaux de force, comme celles de Cornouailles, ou comme la grande machine d'épuisement de Rive-de-Gier, la consommation de la houille pourrait être inférieure même à 2 kilogrammes. Mais, on le sait, il n'y a nullement parité entre des machines d'une telle puissance et des machines fonctionnant avec une force de 30 à 50 chevaux, comme celles dont il est question ci-dessus.

Au surplus, le chiffre de 5 kilogrammes par heure et par cheval a été indiqué, il y a deux ans, à Lyon, par un ingénieur distingué du corps royal des ponts et chaussées, membre de la Société d'agriculture de notre ville, pour une machine travaillant avec la force de 40 chevaux (Voyez les *Annales de la Société d'agriculture et arts utiles de Lyon*, livraison de septembre 1842). Ce chiffre a été également indiqué, en dernier lieu, par d'honorables et habiles praticiens, propriétaires d'importants moulins à vapeur, comme résultant de leur propre expérience. Ces messieurs ayant eu connaissance d'un devis dans lequel on comptait, pour des machines de 35 à 40 chevaux, 3 kilog. de houille par cheval et par heure, au prix de 3 f. les 100 kilog., ont fait à ce sujet les observations suivantes : « Le prix de 3 f. « par 100 kilog. de charbon indique une qualité tout-à-fait supérieure, en « vertu de laquelle on réduit la consommation à 3 kilog. par heure et par « force de cheval..... Si maintenant on veut établir la dépense du combus-« tible pour une machine brûlant du charbon qu'on obtient à 2 f. les 100 « kilog., *voilà ce que l'expérience nous donne :* 5 kilog. par heure et par « force de cheval. Nous croyons plus prudent de se tenir à ce chiffre qu'au « premier, qui n'est pour nous que le résultat de la théorie. »

En comptant 5 kilog. pour une machine fonctionnant avec la force de 30 chevaux-vapeur, — 4 3|4 pour celle de 40 chevaux, — et 4 1|2 pour celle de 50, on doit être très près de la réalité.

(1) Un établissement manufacturier ordinaire pourrait, à la rigueur, n'employer qu'un moindre nombre de chauffeurs, et aurait peut-être avantage à faire l'économie du quart ou de la moitié de la dépense portée ci-dessus, au risque de voir quelquefois ses travaux interrompus ou ralentis. Mais, pour un service public, formant la base des manipulations industrielles et de l'alimentation des habitants de toute une grande ville, on ne peut s'exposer à de semblables risques, qui ne seraient point compensés par une économie de 4 à 5,000 francs par année.

| Montant porté ci-après . . . . . . | 157,646 | 193,083 | 226,078 |

	Fourniture de 9,000 kilol.	Fourniture de 12,000 kil.	Fourniture de 15,000 kil.
Montant de ci-devant	157,646	193,083	226,078

Directeur de l'usine hydraulique, joignant à la direction de cet établissement la surveillance des galeries-filtres, du pont-aqueduc, des grandes conduites jumelles, et de tout ce qui se rapporte aux moyens de recueillir l'eau, et de l'envoyer aux réservoirs d'arrivée ou de distribution en ville. . . . .

	Fourniture de 9,000 kilol.	Fourniture de 12,000 kil.	Fourniture de 15,000 kil.
	3,000	3,000	3,000

Montant des frais annuels de *fourniture*, sans porter en ligne de compte aucune somme pour frais imprévus . . . .

	160,646	196,083	229,078

Si l'on ajoute aux chiffres ci-dessus celui de 40,000 francs, pour l'intérêt annuel, à 4 p. $^0/_0$, du capital représentant les frais de premier établissement du réseau de conduites et autres appareils de *distribution* en ville, à partir du réservoir de la place du Perron, on trouve une dépense générale annuelle de . .

	200,646	236,083	269,078

RAPPORT DE LA COMMISSION D'ENQUÊTE

DU

DÉPARTEMENT DE L'AIN.

RAPPORT

DE LA

COMMISSION CRÉÉE PAR M. LE PRÉFET DE L'AIN,

POUR RÉSUMER

LENQUÊTE OUVERTE DANS CE DÉPARTEMENT,

SUR LE

Projet de conduire à Lyon, par une galerie, des sources du versant occidental du plateau de la Dombe.

L'an mil huit cent quarante-deux, le quatorze mars, à dix heures du matin, se sont réunis, à Bourg, dans une des salles de l'hôtel de la Préfecture,

Messieurs :

Durand de Chiloup, membre du conseil gén. de l'Ain ;

Didier, membre du conseil d'arrond. de Bourg ;

Praire, membre du conseil d'arrond. de Trévoux ;

Rodet, membre du conseil de préfecture de l'Ain ;

Tornier, membre du même conseil ;

Morellet, maire de Bourg ;

Jayr, membre du conseil municipal de Bourg ;

Hudellet, membre du même conseil ;

Bodin, propr. à Montribloud, commune de St-André.

Tous les sus-nommés désignés par M. le Préfet de l'Ain, pour composer la Commission appelée à donner un avis, tant sur les résultats d'une enquête ouverte dans le département sur le projet d'amener à Lyon les sources qui existent sur le versant occidental de la Dombe, entre Neuville - l'Archevêque et Fontaine (Rhône), que sur l'utilité publique de cette entreprise.

M. Durand de Chiloup, nommé par M. le Préfet président de la dite Commission, a ouvert la séance, et invité la Commission à procéder au choix de son secrétaire. M. Bodin a été désigné pour en remplir les fonctions, et a immédiatement ouvert le présent procès-verbal.

M. le président a donné lecture à la Commission :

1° De l'avant-projet de l'entreprise, consistant à dériver et à distribuer dans Lyon des eaux de sources coulant sur le versant occidental du plateau de la Dombe, entre Neuville-l'Archevêque et Fontaine, et de l'arrêté de M. le Préfet du Rhône, en date du 28 décembre 1841, qui prescrit dans son département l'ouverture d'une enquête sur ce point ;

2° De la copie d'une lettre adressée le 4 septembre 1841 à M. le Préfet du Rhône, avec l'avant-projet, par M. Bonand, au nom des fondateurs de l'entreprise ;

3° De la copie d'une lettre de M. le maire de Lyon à M. le Préfet du Rhône, datée du 6 septembre 1841, et relative à cet objet ;

4° D'une Note sommaire sur les sources du territoire de Neuville et de Fontaine, dont la dérivation est projetée;

5° De la demande adressée à M. le Préfet du Rhône, le 10 novembre 1841, pour obtenir l'autorisation d'exécuter l'entreprise de dérivation desdites eaux;

6° De l'Examen officiel des eaux dont il s'agit, fait par une Commission créée à Lyon en 1838, en vertu d'un arrêté de M. le Préfet du Rhône;

Toutes les pièces ci-dessus tendant à prouver l'utilité, pour Lyon, de l'exécution de cette entreprise, et son innocuité, pour les communes de Fontaine et de Neuville.

A ces pièces était joint un plan des localités que devra traverser la galerie souterraine, destinée à amener jusque dans Lyon les eaux dérivées. Ce plan a été mis sous les yeux de la Commission, et a établi que le tunnel projeté serait exécuté presque entièrement sur le territoire du département du Rhône, ne touchant celui de l'Ain qu'en deux points, savoir : au territoire de la commune de Montanay sur une longueur de 1500 mètres environ, et au territoire de Sathonay sur une longueur d'environ 500 mètres.

Continuant la lecture des pièces, M. le président a communiqué à la Commission :

7° Une protestation, revêtue d'un grand nombre de signatures d'habitants de la commune de Montanay, par laquelle ils s'opposent à l'exécution du projet, se fondant principalement sur la crainte que son exécution ne les prive de leurs moyens de mouture, et de la facilité précieuse, dont ils jouissent actuellement, d'aller laver au ruisseau de Lavosne (commune de Neuville), ruisseau qui se trouverait compris dans le projet de dérivation ;

8° Le procès-verbal de l'enquête qui a été ouverte dans la commune de Sathonay, constatant la protestation d'un grand nombre d'habitants de la dite commune, qui expriment leur crainte de se trouver, par la dérivation de la source de Ronzier, privés de l'avantage, dont ils jouissent, de laver et d'abreuver audit ruisseau et d'y puiser de l'eau, avantage d'autant plus important pour eux, que leur localité est sujette à éprouver, en temps de sécheresse, une véritable pénurie d'eau, par l'épuisement des puits et citernes existant sur son territoire, et dont aucun n'est communal ;

9° Une délibération prise le 10 février 1842 par le conseil municipal de ladite commune, et exprimant les mêmes craintes ;

10° Enfin, une lettre datée de Lyon du 12 mars 1842, et signée par M. Bonand au nom des personnes qui doivent concourir à l'exécution du projet de dérivation, ladite lettre ayant pour objet de répondre aux objections tant de la commune de Montanay que de celle de Sathonay.

La Commission, après examen de toutes les pièces ci-dessus relatées, a pensé qu'elle n'avait à s'occuper du projet dont il s'agit, qu'en ce qui concerne le département de l'Ain, c'est-à-dire, les deux seules communes de Montanay et Sathonay, qui y sont intéressées, de différentes manières.

En ce qui touche Montanay ;

Considérant que des différentes sources qui fluent sur le territoire de Neuville, une seule, celle de Lavosne, devant disparaître immédiatement, et celles qui se trouvent exclues du projet de dérivation devant continuer à couler à ciel ouvert, il restera une force motrice suffisante pour que les populations voisines n'éprouvent, au sujet de leurs moutures, ni difficultés ni renchérissement ;

Considérant, en outre, que par sa lettre ci-dessus relatée, du 12 mars courant, M. Bonand affirme qu'à 320 mètres de la source de Lavosne, devant le moulin de la Vallière, appartenant à MM. Tramoy, il se trouve un ruisseau d'eau de source, de même nature que celle de Lavosne, qui n'est point compris dans le projet de dérivation, et qui, dès-lors, coulera à cette même place, en fournissant des moyens suffisants de lavage aux personnes de Montanay ; sous la foi de cette affirmation de M. Bonand, et sous la réserve de son entière exécution, la Commission est d'avis que les intérêts de la commune de Montanay n'auront rien à souffrir de l'exécution du projet dont il s'agit.

En ce qui concerne la commune de Sathonay :

La Commission pense que l'opposition qu'elle a manifestée a des motifs plus sérieux, et elle n'hésiterait pas à confirmer de son avis cette opposition, sans la proposition que contient à ce sujet la lettre de M. Bonand, du 12 mars 1842, qui, au nom des personnes qu'il représente, offre, si la commune de Sathonay adhérait à la dérivation du ruisseau de Ronzier, de recueillir avec beaucoup de soin, à ses points d'émergence les plus élevés, l'eau dudit ruisseau, de l'amener par une rigole souterraine jusqu'à l'endroit où le ruisseau passe, à peu près à angle droit, sur le chemin qui conduit de Sathonay à Caluire (à 500 mètres environ du moulin Dominjon), et là d'élever, aux frais de l'entreprise de la dérivation, un petit monument; dans la partie la plus élevée de cette construction, l'eau tomberait à gueule-bée dans un bassin, au-dessous ou auprès duquel serait un lavoir; de telle sorte que la partie supérieure fournirait de l'eau parfaitement pure pour l'alimentation, et celle inférieure pour abreuver les bestiaux et pour le lavage. La quantité dérivée serait les neuf dixièmes de toute l'eau de source amenée sur le point désigné, et celle laissée à la commune de Sathonay un dixième; lequel dixième devrait, dans tous les cas, suffire à remplir un tonneau de deux hectolitres en cinq minutes au plus.

La Commission est d'avis qu'au moyen de l'exécution stricte de l'offre ci-dessus transcrite, la commune de Sathonay se trouvera suffisamment garantie des dommages qu'elle redoute, puisque un hectolitre et demi au moins d'eau par habitant lui sera journellement assuré.

Sous les réserves et explications ci-dessus,

La Commission émet l'opinion qu'aucune raison d'utilité publique, relativement au département de l'Ain, ne milite contre l'exécution du projet de dérivation sur Lyon, par une galerie souterraine, des

eaux de sources qui existent entre Neuville-l'Archevêque et Fontaine, si ce projet est jugé d'utilité publique pour le département du Rhône.

Clos et arrêté, comme l'avis unanime de la Commission, dont tous les membres ont signé le présent
procès-verbal.

DURAND, RODET, PRAIRE, TORNIER, MORELLET,
HUDELLET, JAYR, DIDIER, A. BODIN.

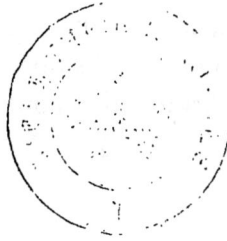

TABLE DES MATIÈRES.

FIN DE LA TABLE DES MATIÈRES.

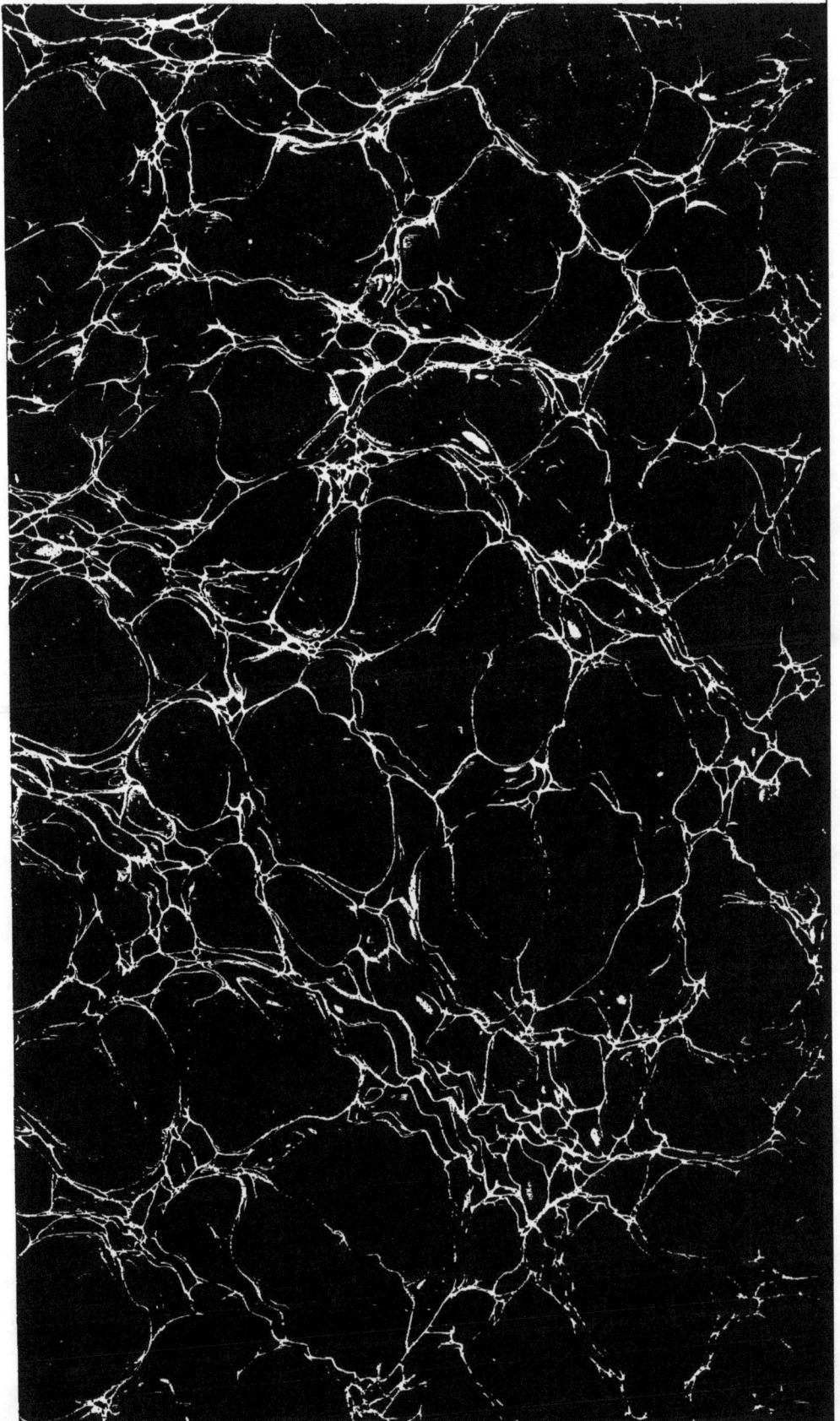

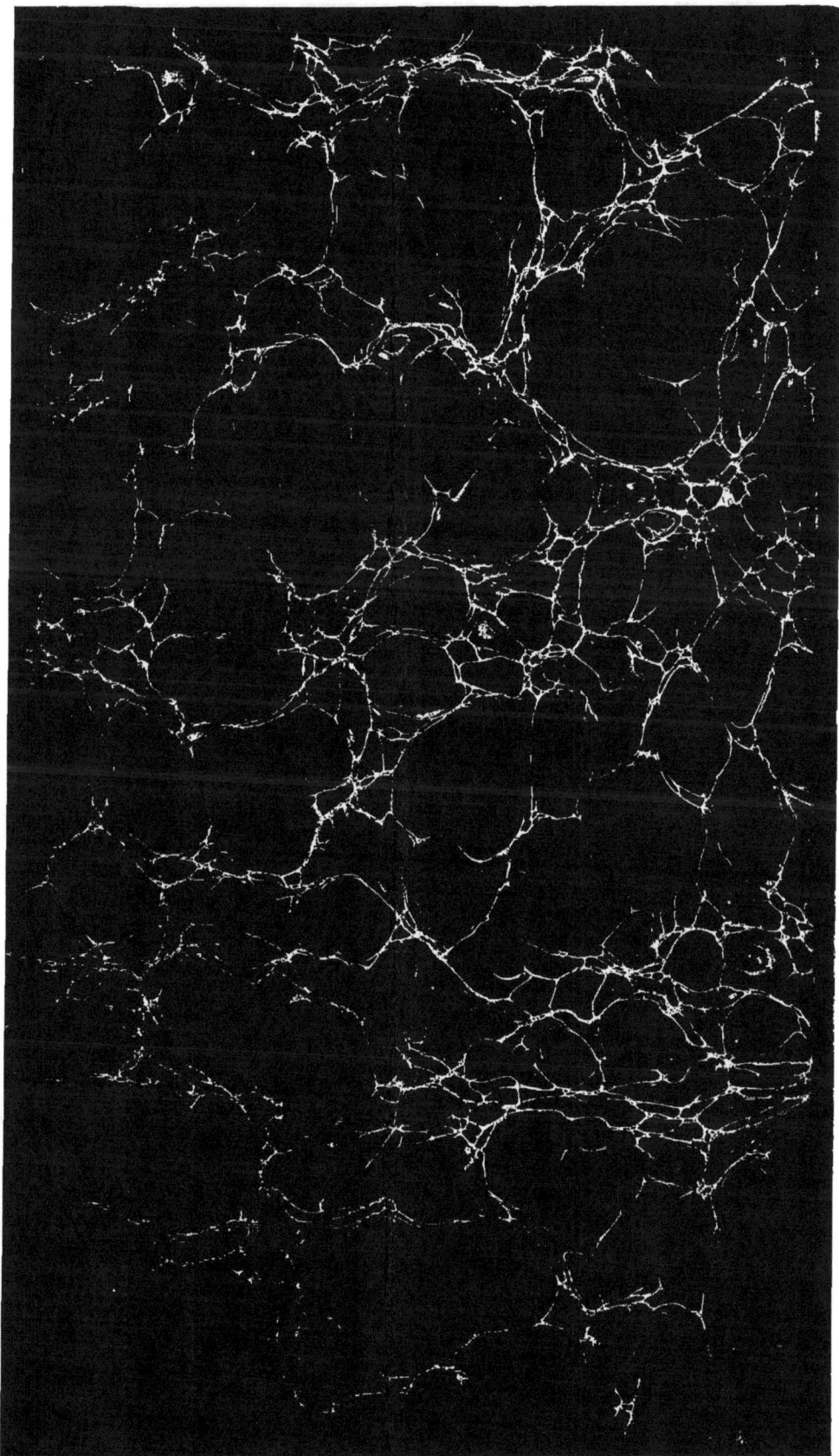

www.ingramcontent.com/pod-product-compliance
Lightning Source LLC
Chambersburg PA
CBHW060347200326
41519CB00011BA/2057